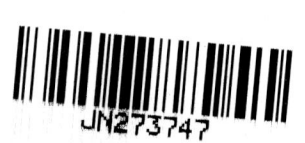

科学のアルバム
かがやくいのち

アゲハチョウ

完全変態《かんぜんへんたい》する昆虫《こんちゅう》

伊藤ふくお
監修／岡島秀治

あかね書房

科学のアルバム かがやくいのち

アゲハチョウ 完全変態《かんぜんへんたい》する昆虫《こんちゅう》 もくじ

伊藤《いとう》ふくお

生物写真家《せいぶつしゃしんか》。1947年《ねん》、三重県《みえけん》四日市市《よっかいちし》生《う》まれ。1965年《ねん》三重県立《みえけんりつ》四日市中央工業高等学校《よっかいちちゅうおうこうぎょうこうとうがっこう》化学工学科《かがくこうがくか》卒業《そつぎょう》後《ご》、コマーシャルフォトカメラマンをへてフリー写《しゃ》真家《しんか》として活動《かつどう》、現在《げんざい》に至《いた》る。著書《ちょしょ》に『モンシロチョウ』（集英社《しゅうえいしゃ》）、『どんぐりの図鑑《ずかん》』『ひっつきむしの図鑑《ずかん》』（トンボ出版《しゅっぱん》）、『バッタ・コオロギ・キリギリス大図鑑《だいずかん》（共著《きょうちょ》）』『バッタ・コオロギ・キリギリス生態図鑑《せいたいずかん》（共著《きょうちょ》）』（北海道大学出版会《ほっかいどうだいがくしゅっぱんかい》）など。

チョウはなぜ飛《と》ぶのでしょうか。私《わたし》はこの疑問《ぎもん》に明快《めいかい》な答《こた》えをだせないままでいます。オスはメスをさがしたり、花《はな》のみつをもとめたり、メスは産卵《さんらん》する植物《しょくぶつ》をさがすために飛《と》びます。しかし、これは現象《げんしょう》であって、どうして飛《と》ぶ必要《ひつよう》があるのかの答《こた》えにはなっていません。チョウと会話《かいわ》ができれば「はねがあるからよ」というかも。でも、よく観察《かんさつ》をしていると、何《なに》をいいたいのか、何《なに》をしたいのかが何《なん》となくわかってきます。会《かい》話《わ》ができないまでも、アゲハチョウの気持《きも》ちがわかるようになるまで観察《かんさつ》できれば楽《たの》しいですね。この本《ほん》で、観察《かんさつ》し科学《かがく》する楽《たの》しさを学《まな》んで、アゲハチョウを観察《かんさつ》すると、なぜ飛《と》ぶのかがわかるかもしれませんね。飼育《しいく》などでお世話《せわ》になった施設《しせつ》・橿原市昆虫館《かしはらしこんちゅうかん》とスタッフのみなさんに、この場《ば》をかりてお礼《れい》を申《もう》し上《あ》げます。

岡島秀治《おかじましゅうじ》

東京農業大学名誉教授《とうきょうのうぎょうだいがくめいよきょうじゅ》。1950年《ねん》大阪《おおさか》生《う》まれ。東京農《とうきょうのう》業大学大学院農学研究科修了《ぎょうだいがくだいがくいんのうがくけんきゅうかしゅうりょう》。農学博士《のうがくはくし》。専門《せんもん》は昆虫《こんちゅう》学《がく》で、アザミウマ目《もく》の分類《ぶんるい》や天敵《てんてき》に関《かん》する研究《けんきゅう》を中心《ちゅうしん》に、幅広《はばひろ》く昆虫《こんちゅう》をみつめ、コウチュウ目《もく》などにも造詣《ぞうけい》が深《ふか》い。100編《べん》をこえる学術論文《がくじゅつろんぶん》のほか、昆虫《こんちゅう》に関《かん》する図鑑類《ずかんるい》、解説書《かいせつしょ》や絵本《えほん》など、啓蒙書《けいもうしょ》を中心《ちゅうしん》に多数《たすう》の著書《ちょしょ》・監修書《かんしゅうしょ》がある。

この本《ほん》に出《で》てくるアゲハチョウは、和名《わめい》でアゲハ（またはナミアゲハ）とよばれ、アゲハチョウのなかまでもっともふつうにいる種類《しゅるい》です。幼《よう》虫《ちゅう》はミカンのなかまの木《き》の葉《は》をたべて育《そだ》つので、それらの木《き》があれば日本中《にほんじゅう》どこでもみられます。街中《まちなか》でもよくみかけますが、高《たか》い山《やま》にはいないようです。成虫《せいちゅう》は春《はる》から秋《あき》にかけて、いろいろの花《はな》にみつをすいにやってきます。天気《てんき》のよい日《ひ》にナノハナやヤブガラシなど、アゲハチョウの好《す》きな花《はな》のあるところでまつと、であうことができるでしょう。

第《だい》1章《しょう》 アゲハチョウのくらし

春《はる》、ナノハナがさく野原《のはら》に、モンシロチョウにまじって大《おお》きなチョウがいます。アゲハチョウです。さなぎで冬《ふゆ》をこしたアゲハチョウが、チョウになったのです。栄養《えいよう》いっぱいのみつをすったアゲハチョウは、ほかの場所《ばしょ》へと飛《と》びたっていきます。どこで、どんなふうにくらしていくのか、アゲハチョウのくらしをみてみましょう。

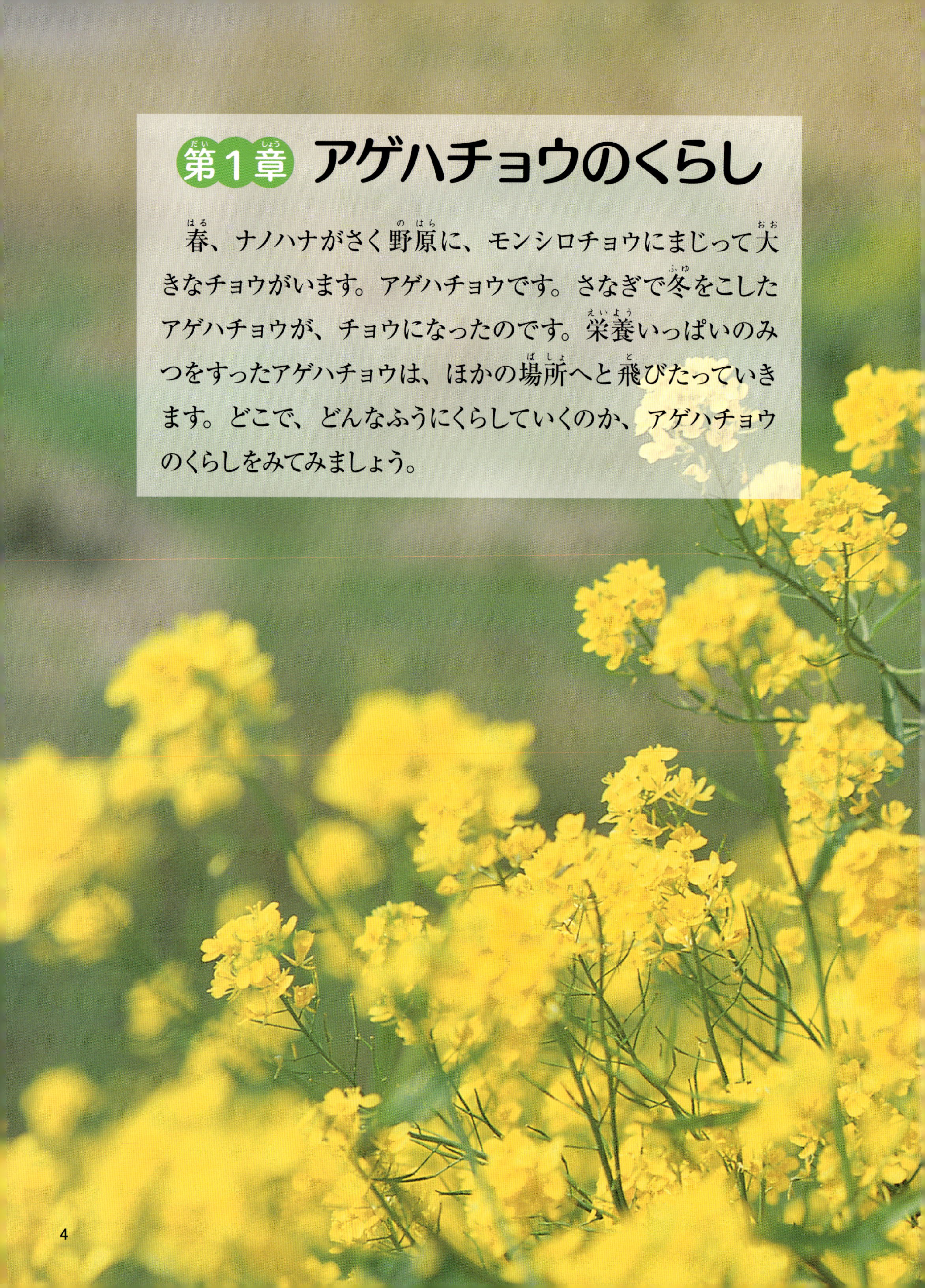

■ナノハナ（セイヨウアブラナ）のみつをすうアゲハチョウ。羽《う》化《か》したつぎの日《ひ》くらいから、みつをすいます。

くだのような口《くち》でみつをすう

アゲハチョウは、花《はな》のみつをすうために、さまざまな花《はな》にやってきます。チョウの成虫《せいちゅう》の口《くち》は長《なが》いくだのような形《かたち》になっていて、花《はな》のみつや果実《かじつ》のしる、樹液《じゅえき》などの液体《えきたい》をすうのに適《てき》しています。アゲハチョウは、体《からだ》が大《おお》きく口《くち》も長《なが》くのばすことができるため、ツツジやユリ、ヒガンバナなど大《おお》きな花《はな》からもみつをすえます。

アゲハチョウは体《からだ》が大《おお》きいので、大《おお》きな花《はな》に来《く》るというイメージがありますが、ナノハナやタンポポ、小《ちい》さな花《はな》があつまってさくヤブガラシなどにも、よくやってきて、みつをすいます。赤《あか》やピンク、オレンジ色《いろ》の花《はな》にいるのをよくみかけますが、ほかの色《いろ》の花《はな》をきらうわけではありません。また、水辺《みずべ》や水《みず》たまりなどの地面《じめん》で、水《みず》をすうこともあります。

ナノハナのみつをすうアゲハチョウ。春《はる》に羽化《うか》したばかりのころは、ちょうどナノハナの花《はな》のさかりの時期《じき》で、ナノハナにとまっているのをよくみかけます。

◁地面《じめん》のぬかるみから水《みず》をすうアゲハチョウ。土《つち》にふくまれる塩分《えんぶん》などを補給《ほきゅう》しているといわれます。暑《あつ》い日《ひ》には、水《みず》をすっておしっこをさかんに出《だ》し、体温《たいおん》を下《さ》げることもあります。

△ ツツジの花《はな》からみつをすうアゲハチョウ。長《なが》い口《くち》を花《はな》のおくまでさしこんで、みつをすうことができます。

△ ミカンの花《はな》からみつをすうアゲハチョウ。ミカンの木《き》には、卵《たまご》を産《う》むときにもやってきます。

植《う》えこみのまわりを飛《と》ぶアゲハチョウ。日光《にっこう》があたって明《あか》るくかがやく葉《は》の上《うえ》を、すべるように飛《と》んでいます。

緑色《みどりいろ》の葉《は》を目印《めじるし》に飛《と》んでくる

アゲハチョウは、日本各地《にほんかくち》にすんでいる大型《おおがた》のチョウです。正式《せいしき》なよび名《な》はアゲハで、ナミアゲハともよばれます。

アゲハチョウがよくみられるのは、サンショウやカラタチ、ナツミカンやキンカンなど、ミカンのなかまの木《き》がある場《ば》所《しょ》です。ミカンのなかまの木《き》は、あつくて表《おもて》がつやつやしているので、日光《にっこう》を受《う》けてよく光《ひか》ります。アゲハチョウは、この光《ひかり》を目印《めじるし》にして飛《と》んできます。

なかでもオスは、よく晴《は》れた昼間《ひるま》に、葉《は》に日光《にっこう》があたっている場所《ばしょ》と日《ひ》かげになっている場所《ばしょ》のさかいを飛《と》びまわります。オスは、このような場所《ばしょ》にメスが卵《たまご》を産《う》みにくるのを知《し》っていて、そこを飛《と》びまわって、メスをさがしているのです。

△ 植《う》えこみの木《き》にとまって休《やす》んでいるアゲハチョウ。天気《てんき》の悪《わる》い日《ひ》や日《ひ》がかげっているときには、あまり飛《と》びまわらずに、草《くさ》や木《き》の葉《は》にとまってじっとしていることが多《おお》いです。

チョウの道《みち》

　公園《こうえん》や遊歩道《ゆうほどう》を散歩《さんぽ》していたりすると、よくアゲハチョウにであう場所《ばしょ》があります。アゲハチョウのオスには、なわばりのようなものがあって、メスをさがすためにある一定《いってい》の範囲《はんい》を、くりかえし行《い》ったり来《き》たりして飛《と》びまわっているためです。
　空中《くうちゅう》にできたチョウの道《みち》のようなので、これを「蝶道《ちょうどう》」といいます。アゲハチョウのなかまでは、オスが蝶道《ちょうどう》をもっている種類《しゅるい》が多《おお》くみられます。しかし、メスはオスとちがって蝶道《ちょうどう》はもっておらず、もっと広《ひろ》い範囲《はんい》を飛《と》びまわります。

△ 植《う》えこみにそって、行《い》ったり来《き》たりしているオス。行《い》ってしまっても、数分《すうふん》まっているとふたたびあらわれます。

■オスが飛《と》んでいるメスに近《ちか》づき、前《まえ》あしではねにさわって、メスかどうかをたしかめます。アゲハチョウは、はねにあるクリーム色《いろ》と黒《くろ》のしまもようを目印《めじるし》にして、なかまをみつけます。

メスをさがすオス

春《はる》に成虫《せいちゅう》になったアゲハチョウのオスは、花《はな》のみつをすって元気《げんき》になると、すぐにメスをさがしにいきます。子孫《しそん》をのこすために、メスに気《き》に入《い》られ、卵《たまご》を産《う》んでもらわなければならないからです。

オスは、はねの色《いろ》ともようを目印《めじるし》にしてなかまをさがし、みつけるとそばに飛《と》んでいき、前《まえ》あしではねにさわります。アゲハチョウは前《まえ》あしでにおいやあじを感《かん》じることができるので、こうして相手《あいて》がメスかどうかをさぐるのです。

相手《あいて》がメスだったときには、目《め》の前《まえ》で背中《せなか》をみせるようにして羽《は》ばたき、気《き》に入《い》られようとします。でも、たいていはメスが飛《と》んでにげようとし、オスがにげるメスを追《お》いかけて飛《と》んでいきます。

とまっているメス（右《みぎ》）の前《まえ》を飛《と》びながら、オス（左《ひだり》）が羽《は》ばたいています。このときオスは、メスに背中側《せなかがわ》をみせるようなかっこうで羽《は》ばたきながら、同《おな》じ場所《ばしょ》にとどまります。自分《じぶん》のにおいを送《おく》っているのかもしれません。

飛《と》びたったメス（右《みぎ》）を追《お》いかけていくオス（左《ひだり》）。2ひきでもつれあうようにして、高《たか》く飛《と》んでいきます。

はねの色《いろ》ともようがにているアゲハチョウのメス（左《ひだり》）を、まちがえて追《お》いかけるキアゲハのオス（右《みぎ》）。

メスを追《お》って飛《と》ぶ

　飛《と》びたったメスを追《お》いかけ、オスはメスのまわりを飛《と》びまわります。2ひきでなかよく遊《あそ》びながら飛《と》んでいるようにみえますが、オスをいやがって、メスがにげていることが多《おお》いようです。ほとんどのメスは、羽化《うか》（63ページ）してまもなくほかのオスと交尾《こうび》をしてしまっているからです。かなりしつこく追《お》いかけていたオスも、メスがにげつづけると追《お》うのをあきらめて、ほかのメスをさがしにいきます。

　まだ交尾《こうび》をしていないメスは、オスとであったとき、あまりにげまわりません。2ひきで飛《と》んでいてしばらくすると、メスは羽《は》ばたきながら空中《くうちゅう》にとどまり、オスはそのまわりをたてに円《えん》をえがくように飛《と》ぶようになります。そして、2ひきでなかよく、木《き》の葉《は》や枝《えだ》などにおりていきます。

▶2ひきのメスを追《お》いかけるアゲハチョウのオス（下《した》）。1ぴきのメスを追《お》いかけているうちに、ほかのメスがまじったものです。1ぴきのメスに2ひきのオスが近《ちか》づくこともあります。

■交尾《こうび》をしているアゲハチョウ。メス（上《うえ》）が草《くさ》につかまり、オス（下《した》）は頭《あたま》を下《した》にしています。オスの腹《はら》の先《さき》は、左右《さゆう》に分《わ》かれ、メスの腹《はら》の先《さき》をしっかりはさみつけるようになっています。

なかよしになると……

葉《は》や枝《えだ》にとまったメスとオスは、腹《はら》の先《さき》をくっつけたまま、ときどきゆっくりはねをとじ開《ひら》きしています。交尾《こうび》をしているのです。交尾《こうび》をすることで、メスの体《からだ》の中《なか》の卵《たまご》が育《そだ》ちはじめます。ふつうは、メスが葉《は》や枝《えだ》につかまり、オスがさかさになってぶらさがります。

こうして、交尾《こうび》が１時間《じかん》から数時間《すうじかん》つづきます。交尾《こうび》をおえると、オスはメスからはなれ、べつのメスをさがすために飛《と》びさってしまいます。

アゲハチョウのオスは、生《い》きているあいだに何回《なんかい》も交尾《こうび》できます。これに対《たい》してメスは、一生《いっしょう》で１～３回《かい》ほどしか交尾《こうび》をしないようで、羽化《うか》して数日《すうじつ》で交尾《こうび》をすましてしまうものが多《おお》いようです。

△交尾《こうび》をしているアゲハのメス（上《うえ》）とオス（下《した》）。横《よこ》からみると、オスが何《なに》にもつかまらず、腹《はら》の先《さき》でつながってメスにぶらさがっているのがわかります。

腹《はら》の先《さき》に眼《め》がある？

アゲハチョウの腹《はら》の先《さき》には、光《ひかり》を感《かん》じる眼《め》のような部分《ぶぶん》があります。物《もの》の形《かたち》や動《うご》きをみることはできませんが、明《あか》るさと暗《くら》さを感《かん》じることができます。いったい何《なん》のために、こんな場所《ばしょ》に眼《め》のようなものがあるのでしょう。最近《さいきん》、そのはたらきがわかってきました。

オスでは、交尾《こうび》のときにメスの腹先《はらさき》をしっかりとつかむことに関係《かんけい》しているそうです。また、メスの場合《ばあい》には、葉《は》に卵《たまご》を産《う》みつけるとき、産《う》みつける場所《ばしょ》をさがすことに関係《かんけい》しているといいます。

△アゲハチョウのオスの腹《はら》の先《さき》。腹《はら》の先《さき》で暗《くら》さを感《かん》じると、開《ひら》いていた腹《はら》の先《さき》の部分《ぶぶん》（矢印《やじるし》）が強《つよ》くとじて、メスの腹先《はらさき》をしっかりつかむようになっています。

カラタチの葉《は》に飛《と》んできたメス。あちこちの葉《は》にとまっては、前《まえ》あしで葉《は》にさわってしらべます。

卵《たまご》を産《う》む場所《ばしょ》をさがす

　交尾《こうび》をおえたメスは、あちこちを飛《と》びまわって、卵《たまご》を産《う》む場所《ばしょ》をさがします。アゲハチョウのメスが卵《たまご》を産《う》むのは、ミカンのなかまの木《き》の葉《は》です。

　メスは、葉《は》の形《かたち》や大《おお》きさ、色《いろ》やにおいをたよりに木《き》をさがします。そして、ミカンのなかまの木《き》をみつけると、葉《は》にとまって前《まえ》あしで味《あじ》をたしかめたり、葉《は》のかたさをしらべたりして、卵《たまご》を産《う》む場所《ばしょ》をきめます。古《ふる》くてあつい葉《は》よりも、やわらかな若葉《わかば》や新芽《しんめ》をえらび、卵《たまご》を産《う》みつけることが多《おお》いようです。

　１本《ぽん》の木《き》に３～４個《こ》ほどの卵《たまご》を産《う》むと、またべつの木《き》をさがし、卵《たまご》を産《う》みます。こうして、あちこちの木《き》に、何日《なんにち》かかけて200個《こ》ほどの卵《たまご》を産《う》みます。

腹《はら》の先《さき》でカラタチの葉《は》をさぐって、卵《たまご》を産《う》みつける場所《ばしょ》をきめています。

葉《は》の表側《おもてがわ》に卵《たまご》を産《う》みつけているメス。あしでしっかりと葉《は》につかまって、卵《たまご》を産《う》みつけます。

葉《は》のうら側《がわ》に卵《たまご》を産《う》みつけるメス。葉《は》のうら側《がわ》に産《う》むときは、腹先《はらさき》を手前《てまえ》に大《おお》きく曲《ま》げるようにして産《う》みつけていきます。

カラタチの葉《は》のうら側《がわ》に産《う》みつけられたアゲハチョウの卵《たまご》。はじめは黄色《きいろ》い色《いろ》をしています。卵《たまご》は直径《ちょっけい》1.5㎜ほどの球形《きゅうけい》で、葉《は》にしっかりとくっついています（左《ひだり》の円内《えんない》）。

卵《たまご》を産《う》みつけて……

アゲハチョウのメスは、羽化《うか》してから２～３週間《しゅうかん》ほどの期間《きかん》に、オスと交尾《こうび》をし、卵《たまご》を産《う》みます。そして、200個《こ》ほどの卵《たまご》を産《う》みおえると、卵《たまご》をのこして死《し》んでいきます。

のこされた卵《たまご》からは、幼虫《ようちゅう》が生《う》まれて成長《せいちょう》し、さなぎになり、チョウが羽化《うか》します。そして、そのチョウがまた交尾《こうび》をし、卵《たまご》を産《う》みます。このように、卵《たまご》が産《う》みつけられてから成虫《せいちゅう》になって子《こ》をのこして死《し》ぬまでの過程《かてい》を、１世代《せだい》といいます。アゲハチョウでは、初夏《しょか》から秋《あき》まで、３～５世代《せだい》が生《う》まれます。

そして、秋《あき》おそくに卵《たまご》からかえった幼虫《ようちゅう》は、冬《ふゆ》のはじめにさなぎになり、そのまま冬《ふゆ》をこすのです。

アゲハチョウが産卵《さんらん》する木《き》

チョウは、種類《しゅるい》ごとに幼虫《ようちゅう》がたべる植物《しょくぶつ》がおおまかにきまっています。その木《き》や草《くさ》を食樹《しょくじゅ》または食草《しょくそう》といいます。たいていのチョウは、食樹《しょくじゅ》や食草《しょくそう》、あるいはその近《ちか》くに卵《たまご》を産《う》みつけます。

アゲハチョウの食樹《しょくじゅ》は、ミカンのなかまの木《き》です。ミカンやナツミカン、キンカン、ユズ、レモンなどのほか、庭木《にわき》や植《う》えこみに使《つか》われるカラタチやサンショウ、キハダなども、ミカンのなかまです。アゲハチョウは、これらの木《き》の若葉《わかば》や新芽《しんめ》などに、卵《たまご》を産《う》みます。

■いろいろな木《き》に産卵《さんらん》するアゲハチョウのメス。左《ひだり》上《うえ》はキハダ、上《うえ》はレモン、左《ひだり》はミカンの若葉《わかば》に産卵《さんらん》しています。

▲卵《たまご》を産《う》みおえ、力《ちから》つきて地面《じめん》におちたアゲハチョウのメス。はじめのころメスが産《う》んだ卵《たまご》からは、もう幼虫《ようちゅう》が生《う》まれてきます。

第《だい》2章《しょう》 アゲハチョウの敵《てき》

アゲハチョウはたくさんの卵《たまご》を産《う》みますが、そこから育《そだ》ってチョウになり、子《こ》をのこすことができるものは、ほんのわずかしかいません。卵《たまご》から成虫《せいちゅう》まで、アゲハチョウにはたくさんの敵《てき》がいて、生《い》きのこるのがとてもたいへんなのです。

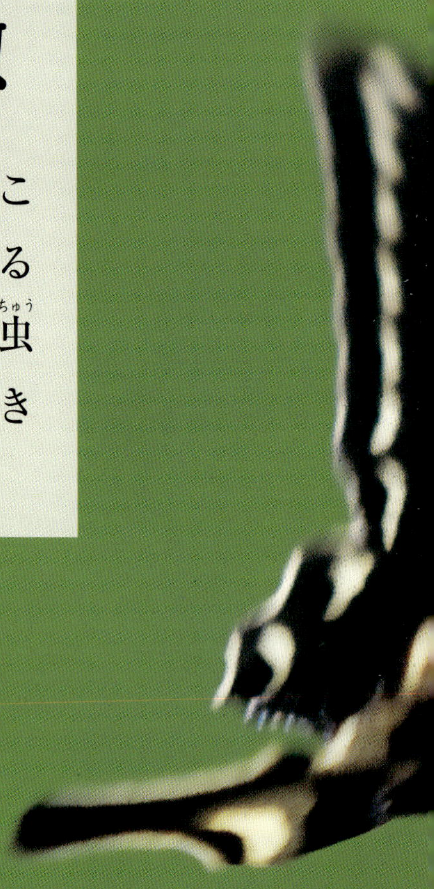

■ヒャクニチソウのみつをすうアゲハチョウ。その花《はな》には、昆虫《こんちゅう》をねらうハナグモが息《いき》をひそめています。

■ジョロウグモのあみにかかったアゲハチョウ。クモは、えものを糸《いと》で身動《みうご》きできないようにして、毒《どく》のあるきばでかみ、えものの体《からだ》の中《なか》をとかして、そのしるをすいます。

アゲハチョウをおそう敵《てき》

チョウの成虫《せいちゅう》は飛《と》んでにげることができるので、敵《てき》におそわれても、ある程度《ていど》はにげることができます。いちばんの敵《てき》は、アゲハチョウよりも体《からだ》が大《おお》きく、飛《と》ぶことができる鳥《とり》です。実際《じっさい》に鳥《とり》がアゲハチョウをたべているところは、それほど目撃《もくげき》されていませんが、はねに鳥《とり》のくちばしで攻撃《こうげき》されたあとがのこっているアゲハチョウのなかまが、ときどきみつかります。

また、あみをはる大型《おおがた》のクモや、花《はな》でまちぶせをするハナグモやオオカマキリ、あるいは大型《おおがた》のトンボにつかまり、命《いのち》をおとすものもたくさんいます。さらに、自動車《じどうしゃ》とぶつかって死《し》んでしまうものや、人間《にんげん》につかまってしまうものもいます。

△オオカマキリにつかまったアゲハチョウ。草《くさ》や花《はな》の上《うえ》でまちぶせして、かまのような前《まえ》あしでやってくるえものをつかまえます。

幼虫《ようちゅう》をおそう敵《てき》

　幼虫《ようちゅう》の時代《じだい》には、成虫《せいちゅう》になってからよりもずっとたくさんのきけんがあります。成虫《せいちゅう》のように飛《と》んでにげることができないので、いろいろな虫《むし》におそわれます。

　体《からだ》が小《ちい》さいときには、アリや、歩《ある》きまわってえものをつかまえるクモのなかま、大《おお》きくなるとアシナガバチやスズメバチ、カマキリのなかま、肉食性《にくしょくせい》のカメムシのなかまなどにおそわれます。また、成虫《せいちゅう》と同《おな》じように、鳥《とり》にもねらわれます。

　アゲハチョウのメスはたくさんの卵《たまご》を産《う》みますが、卵《たまご》から無事《ぶじ》にかえっても、敵《てき》におそわれたりして、3分《ぶん》の2以上《いじょう》が幼虫《ようちゅう》のうちに死《し》んでしまいます。

△ オオカマキリにたべられているアゲハチョウの終齢幼虫《しゅうれいようちゅう》（35ページ）。小《ちい》さなときは、オオカマキリの幼虫《ようちゅう》にもおそわれます。

△ フタモンアシナガバチにおそわれたアゲハチョウの幼虫《ようちゅう》。肉《にく》だんごのようにして巣《す》にもちかえり、自分《じぶん》たちの幼虫《ようちゅう》にたべさせます。

△ クチブトカメムシにつかまったアゲハチョウの終齢幼虫《しゅうれいようちゅう》。

クロオオアリにおそわれているアゲハチョウの若《わか》い幼虫《ようちゅう》（3齢《れい》）。体《からだ》が弱《よわ》っているところをおそわれたようです。

いちばんこわいのは鳥《とり》

チョウの幼虫《ようちゅう》にとって、もっともこわい敵《てき》は、なんといっても鳥《とり》です。特《とく》に、初夏《しょか》は多《おお》くの鳥《とり》たちが子育《こそだ》てする時期《じき》で、ひなの食料《しょくりょう》にするために、たくさんのチョウやガの幼虫《ようちゅう》がとらえられてしまいます。そのために、チョウやガの幼虫《ようちゅう》は、鳥《とり》にみつかりにくい色《いろ》やもようをもっていたり、鳥《とり》をおどろかす目玉《めだま》のようなもようをもっていたりします。アゲハチョウの幼虫《ようちゅう》も、このような鳥《とり》から身《み》を守《まも》る方法《ほうほう》（29ページ）を身《み》につけています。ですが、それでもたくさんの幼虫《ようちゅう》が鳥《とり》につかまって、たべられてしまいます。

アゲハチョウのさなぎの中《なか》で羽化《うか》して、さなぎのからをくいやぶって外《そと》に出《で》てきたアオムシコバチの成虫《せいちゅう》。

アオムシコバチの成虫《せいちゅう》。体長《たいちょう》3㎜ほどの小《ちい》さなハチで、アゲハチョウなどの天敵《てんてき》です。

卵《たまご》を産《う》みつけるアオムシコバチ。幼虫《ようちゅう》がさなぎになるとき卵《たまご》を産《う》みつけます。さなぎの中《なか》でふ化《か》した幼虫《ようちゅう》は、さなぎの体《からだ》をたべて育《そだ》ちます。

卵《たまご》や幼虫《ようちゅう》、さなぎにとりつく敵《てき》

アゲハチョウをねらう敵《てき》には、直接《ちょくせつ》おそってくる敵《てき》のほかにも、おそろしい敵《てき》がいます。卵《たまご》や幼虫《ようちゅう》、さなぎにとりつき(寄生《きせい》)、体《からだ》を内側《うちがわ》からたべる虫《むし》たちです。アゲハチョウでは、この被害《ひがい》によって死《し》ぬ数《かず》の方《ほう》が敵《てき》におそわれて死《し》ぬより多《おお》いようです。

アゲハチョウに寄生《きせい》する昆虫《こんちゅう》は、寄生《きせい》バエや寄生《きせい》バチです。卵《たまご》につくアゲハタマゴバチや、幼虫《ようちゅう》につくヤドリバエのなかまやアゲハヒメバチ、さなぎにつくアオムシコバチなどが、代表的《だいひょうてき》です。

これらの寄生昆虫《きせいこんちゅう》は、アゲハチョウの卵《たまご》や幼虫《ようちゅう》、さなぎの体《からだ》を中《なか》からたべて育《そだ》ち、成長《せいちょう》すると幼虫《ようちゅう》やさなぎの体《からだ》を内側《うちがわ》からくいやぶって、外《そと》に出《で》てきます。

◁アゲハタマゴバチに寄生《きせい》されたアゲハチョウの卵《たまご》。卵《たまご》が産《う》みつけられてから10日《とおか》ほどで、ハチの成虫《せいちゅう》が外《そと》に出《で》てきます。

◁アゲハチョウの卵《たまご》に産卵《さんらん》するアゲハタマゴバチ。アゲハチョウの卵《たまご》の中《なか》でふ化《か》して、成長《せいちょう》し、羽化《うか》して外《そと》に出《で》てきます。

△アゲハチョウのさなぎから出《で》てきたヤドリバエのなかまの幼虫《ようちゅう》。地面《じめん》などにおりて、さなぎになります。

▷ヤドリバエのなかまに卵《たまご》(矢印《やじるし》)を産《う》みつけられたアゲハチョウの終齢幼虫《しゅうれいようちゅう》。

△アゲハチョウに寄生《きせい》するヤドリバエのなかまの成虫《せいちゅう》。体長《たいちょう》14㎜ほどのハエです。

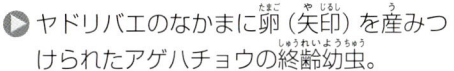

身《み》の守《まも》り方《かた》

たくさんの敵《てき》がいるアゲハチョウですが、ただやられているばかりではありません。卵《たまご》やさなぎは無防備《むぼうび》ですが、成虫《せいちゅう》と幼虫《ようちゅう》には、身《み》を守《まも》る方法《ほうほう》があります。

成虫《せいちゅう》は、後《うし》ろばねのはしに赤《あか》いもようをもっています。はねを広《ひろ》げてとまっているとき、左右《さゆう》のこのもようが重《かさ》なって、赤《あか》い目玉《めだま》のようにみえます。このもようには、おそってくる鳥《とり》をおどろかす効果《こうか》があると考《かんが》えられています。

2齢幼虫《れいようちゅう》から4齢幼虫《れいようちゅう》（35ページ）は鳥《とり》のふんににた体色《たいしょく》で、みつかりにくくなっています。また、終齢幼虫《しゅうれいようちゅう》は、胸《きょう》部《ぶ》にある大《おお》きな目玉《めだま》もようで、敵《てき》をおどろかすことができます。さらに、幼虫《ようちゅう》はすべて、体《からだ》に刺激《しげき》を受《う》けるとつきだす突《とっ》起《き》（臭角《しゅうかく》）が頭部《とうぶ》と胸部《きょうぶ》のあいだにあり、ここからくさいにおいをだします。

△とまっている成虫《せいちゅう》。後《うし》ろばねに大《おお》きな目玉《めだま》もよう（矢印《やじるし》）がみえます。はねをたたんでいるとき（円内《えんない》）も、目立《めだ》ちます。

△終齢幼虫《しゅうれいようちゅう》の胸部《きょうぶ》にある目玉《めだま》もよう。これらのもようで、胸部《きょうぶ》を鳥《とり》がきらいなヘビの顔《かお》のようにみせているといわれます。

△オレンジ色《いろ》の臭角《しゅうかく》をつきだした終齢幼虫《しゅうれいようちゅう》。臭角《しゅうかく》から出《で》るにおいはアリなどをおいはらう効果《こうか》があるようです。

△鳥《とり》のふんのような色《いろ》をした３齢幼虫《れいようちゅう》。２齢《れい》から４齢《れい》までの幼虫《ようちゅう》がこのような色《いろ》をしています。

◁葉《は》の上《うえ》にのっている鳥《とり》のふん。

第《だい》3章《しょう》 アゲハチョウの育《そだ》ち方《かた》

アゲハチョウのメスが産《う》んだ卵《たまご》は、1週間《しゅうかん》ほどたつとふ化《か》し、幼虫《ようちゅう》が出《で》てきます。幼虫《ようちゅう》は、産《う》まれた場所《ばしょ》にある木《き》の葉《は》をたべて育《そだ》っていきます。夏《なつ》のはじめから秋《あき》まで、たくさんの幼虫《ようちゅう》が生《う》まれ、育《そだ》ってさなぎからチョウになり、空《そら》へ飛《と》んでいきます。幼虫《ようちゅう》がどのように成長《せいちょう》してチョウになっていくのかを、みていきましょう。

産《う》みつけられて１週間《しゅうかん》ほどたったアゲハチョウの卵《たまご》。卵《たまご》の中《なか》では幼虫《ようちゅう》が体《からだ》を動《うご》かしはじめています。黒《くろ》い頭《あたま》の部分《ぶぶん》（円内《えんない》の矢印《やじるし》）が、からをとおしてみえます。

ふ化《か》のようす。幼虫《ようちゅう》は卵《たまご》のからを内側《うちがわ》からかじり、あながあくと、そこから頭《あたま》をだします。そして、葉《は》に足場《あしば》になる糸《いと》をはきかけ、足場《あしば》にあしをひっかけて外《そと》へ出《で》てきます。

卵《たまご》のからをたべる幼虫《ようちゅう》。少《すこ》しものこさずに、たべつくしてしまいます。しかし、実験《じっけん》でからをたべさせないようにしても、幼虫《ようちゅう》の成長《せいちょう》にかわりはないようです。

葉《は》をたべて育《そだ》つ

卵《たまご》から出《で》てきたアゲハチョウの幼虫《ようちゅう》は、３ミリメートルほどの大《おお》きさです。体《からだ》にたくさんの突起《とっき》があり、そこから何本《なんぼん》も毛《け》がはえています。

外《そと》に出《で》てしばらくすると、幼虫《ようちゅう》は自分《じぶん》が出《で》てきた卵《たまご》のからをたべはじめます。のこさずすっかりたべるので、体《からだ》に必要《ひつよう》な栄養《えいよう》をとっているのだともいわれています。しかし、からをたべない幼虫《ようちゅう》もいて、ほんとうの理由《りゆう》はよくわかっていません。

からをたべおえた幼虫《ようちゅう》は、まず自分《じぶん》がのっている葉《は》をたべはじめます。小《ちい》さな体《からだ》のどこに入《はい》るのかと思《おも》うほど、幼虫《ようちゅう》はたくさんの葉《は》をたべます。３日目《みっかめ》には、体《からだ》の大《おお》きさが２倍《ばい》くらいになります。

■ふ化《か》してから3日目《みっかめ》の幼虫《ようちゅう》。たくさんの葉《は》をたべて育《そだ》ち、体《からだ》の大《おお》きさは5.5㎜ほどになっています。

▲カラタチの葉《は》をたべている幼虫《ようちゅう》（1齢《れい》）。葉《は》のふちからかじってたべます。母親《ははおや》が幼虫《ようちゅう》のたべものになる葉《は》に卵《たまご》を産《う》むので、ふ化《か》した幼虫《ようちゅう》は足下《あしもと》にある葉《は》をたべることができます。

幼虫《ようちゅう》の頭《あたま》の後《うし》ろの背中側《せなかがわ》の皮《かわ》がさけ、新《あたら》しい皮《かわ》につつまれた体《からだ》が出《で》てきます。

前《まえ》にのび上《あ》がりながら、古《ふる》い皮《かわ》を後《うし》ろにおしやるようにして、体《からだ》をひきぬいていきます。

体《からだ》がほとんど古《ふる》い皮《かわ》からぬけ出《で》てきました。頭《あたま》の部分《ぶぶん》の固《かた》いからは、まだついたままです。

古《ふる》い皮《かわ》から完全《かんぜん》にぬけ出《で》ると、頭《あたま》の固《かた》いからもぬぎ、頭《あたま》の大《おお》きさも大《おお》きくなります。

皮《かわ》をぬいで大《おお》きくなる

　幼虫《ようちゅう》の体《からだ》は、全体《ぜんたい》がつながった皮《かわ》でつつまれています。体《からだ》が成長《せいちょう》して大《おお》きくなると、ある程度《ていど》までは皮《かわ》がのびますが、皮《かわ》がいっぱいにのびると、それ以上《いじょう》は体《からだ》が大《おお》きくなれません。そのため、幼虫《ようちゅう》は皮《かわ》をぬいで新《あたら》しい皮《かわ》につつまれ、大《おお》きくなります。これを脱皮《だっぴ》といいます。

　アゲハチョウの幼虫《ようちゅう》は、さなぎになるまでに、４回脱皮《かいだっぴ》して成長《せいちょう》していきます。ふ化《か》してから１回目《かいめ》の脱皮《だっぴ》までの段階《だんかい》を１齢《れい》、脱皮《だっぴ》するごとに２齢《れい》、３齢《れい》、４齢《れい》、５齢《れい》（終齢《しゅうれい》）となります。

齢《れい》ごとの幼虫《ようちゅう》の大《おお》きさの変化《へんか》

脱皮《だっぴ》
1齢幼虫《れいようちゅう》
2齢幼虫《れいようちゅう》
脱皮《だっぴ》
3齢幼虫《れいようちゅう》
脱皮《だっぴ》

4齢幼虫《れいようちゅう》
脱皮《だっぴ》

終齢《しゅうれい》（5齢《れい》）幼虫《ようちゅう》

△ 2回目《かいめ》の脱皮《だっぴ》をした幼虫《ようちゅう》（3齢《れい》）の背中側《せなかがわ》。体《からだ》の色《いろ》が白《しろ》とこげ茶色《ちゃいろ》になり、鳥《とり》のふんににてきます。

△ 3回目《かいめ》の脱皮《だっぴ》をしたばかりの幼虫《ようちゅう》（4齢《れい》）の背《せ》中側《なかがわ》。体《からだ》が大《おお》きくなり、体《からだ》の色《いろ》も鳥《とり》のふんにさらににてきました。

※ 幼虫《ようちゅう》の大《おお》きさは、実際《じっさい》の4倍《ばい》ほどの大《おお》きさです。

頭《あたま》で見分《みわ》ける幼虫《ようちゅう》の齢《れい》

アゲハチョウの幼虫《ようちゅう》の大《おお》きさは、脱皮《だっぴ》をしたばかりのときと、次《つぎ》の脱皮《だっぴ》をする前《まえ》とでは、ずいぶんちがいます。2齢幼虫《れいようちゅう》から4齢幼虫《れいようちゅう》までは、体《からだ》の色《いろ》やもようもにているので、大《おお》きさから何齢《なんれい》かを判断《はんだん》するのが、むずかしいです。このようなときは、頭《あたま》の部分《ぶぶん》の大《おお》きさをみましょう。幼虫《ようちゅう》の頭《あたま》の部分《ぶぶん》は、体《からだ》のほかの部分《ぶぶん》とくらべてやや固《かた》いからにつつまれていて、脱皮直後《だっぴちょくご》から次《つぎ》の脱皮《だっぴ》まで、大《おお》きさが変化《へんか》しません。ですから、体《からだ》が同《おな》じ大《おお》きさくらいでも、齢《れい》が低《ひく》い幼虫《ようちゅう》は頭《あたま》がとても小《ち》さくみえます。

▽ 1齢幼虫《れいようちゅう》から5齢幼虫《れいようちゅう》までの頭《あたま》のからの大《おお》きさの変化《へんか》。

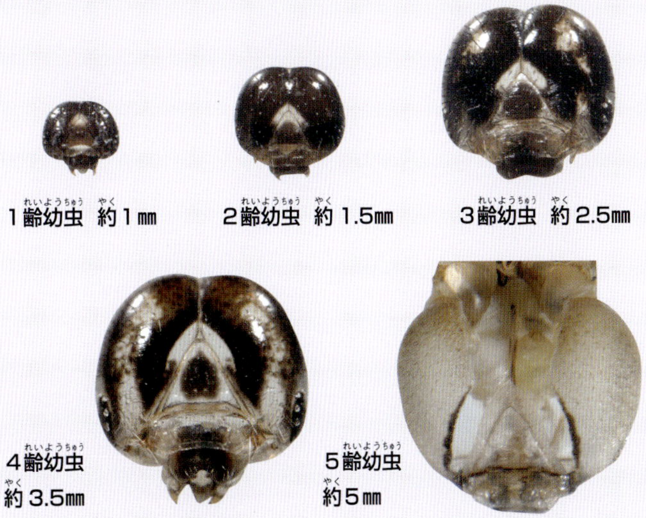

1齢幼虫《れいようちゅう》 約《やく》1㎜
2齢幼虫《れいようちゅう》 約《やく》1.5㎜
3齢幼虫《れいようちゅう》 約《やく》2.5㎜
4齢幼虫《れいようちゅう》
約《やく》3.5㎜
5齢幼虫《れいようちゅう》
約《やく》5㎜

△葉《は》の上《うえ》でじっとしている４齢幼虫《れいようちゅう》。体《からだ》の白《しろ》っぽい色《いろ》だった部分《ぶぶん》は、緑色《みどりいろ》になっています。

△頭《あたま》の後《うし》ろの背中側《せなかがわ》の部分《ぶぶん》の皮《かわ》がやぶれ、終齢幼虫《しゅうれいようちゅう》への脱《だっ》皮《び》がはじまりました。

△頭《あたま》のからもぬいで、完全《かんぜん》に脱皮《だっぴ》をおえました。ふつうはこのあと、自分《じぶん》がぬいだ古《ふる》い皮《かわ》をたべます。

体《からだ》を前《まえ》にひきぬくようにしながら、古《ふる》い皮《かわ》を後《うし》ろへとぬぎすてていきます。

完全《かんぜん》に体《からだ》をひきぬいて、緑色《みどりいろ》の終齢幼虫《しゅうれいようちゅう》がすがたをあらわしました。頭《あたま》のからは、まだかぶったままです。

緑色《みどりいろ》のいも虫《むし》になる

ふ化《か》してから3週間《しゅうかん》ほど、3回脱皮《かいだっぴ》をして大《おお》きく育《そだ》った幼虫《ようちゅう》は、いよいよ最後《さいご》の脱皮《だっぴ》をします。脱皮《だっぴ》が近《ちか》づいてくると、幼虫《ようちゅう》は葉《は》の上《うえ》であまり動《うご》かなくなります。

このころから、幼虫《ようちゅう》の体《からだ》の色《いろ》がかわってきます。今《いま》まで白《しろ》っぽい色《いろ》をしていた部分《ぶぶん》が、緑色《みどりいろ》になってくるのです。そして、脱皮《だっぴ》をはじめると、4齢幼虫《れいようちゅう》まではちがう、あざやかな緑色《みどりいろ》をしたいも虫《むし》があらわれます。

脱皮《だっぴ》の直前《ちょくぜん》に緑色《みどりいろ》にみえていた部分《ぶぶん》は、古《ふる》い皮《かわ》の下《した》にできあがった新《あたら》しい皮《かわ》の色《いろ》だったのです。脱皮《だっぴ》をおえたばかりの終《しゅう》齢《れい》(5齢《れい》)幼虫《ようちゅう》は、2.5～3センチメートルほどの大《おお》きさです。

■カラタチのあつい葉《は》をたべる終齢幼虫《しゅうれいようちゅう》。葉《は》のまん中《なか》の固《かた》いすじ以外《いがい》は、すっかりたべてしまいます。

たくさんたべて育《そだ》つ

終齢幼虫《しゅうれいようちゅう》になると、それまでとはくらべものにならないほど、たくさんの葉《は》をたべるようになります。これまではあまりたべられなかった固《かた》い葉《は》も、バリバリとたべられるようになり、小《ちい》さな枝《えだ》の葉《は》などは、1日《にち》でたべつくしてしまうようになります。

幼虫《ようちゅう》は、葉《は》を1まいたべてはつぎの葉《は》へと移動《いどう》し、たべる葉《は》がなくなると、となりの木《き》にまで移動《いどう》していきます。こうして栄養《えいよう》をとり、幼虫《ようちゅう》の体《からだ》は、大《おお》きく、太《ふと》くなっていきます。脱皮《だっぴ》をおえてから1週間《しゅうかん》ほどのあいだに、体《からだ》の長《なが》さが2倍《ばい》くらいにまでなります。

△▷脱皮《だっぴ》をおえたばかりの終齢幼虫《しゅうれいようちゅう》（上《うえ》）と、脱《だっ》皮《び》から1週間《しゅうかん》ほどたった終齢幼虫《しゅうれいようちゅう》（右《みぎ》）。実際《じっさい》の2倍《ばい》くらいの大《おお》きさです。短期間《たんきかん》でこれだけ育《そだ》つためには、とてもたくさんの葉《は》が必要《ひつよう》になります。

幼虫《ようちゅう》の食事《しょくじ》

アゲハチョウの幼虫《ようちゅう》が1日《にち》にたべる葉《は》の量《りょう》は、終齢幼虫《しゅうれいようちゅう》になるといっきにふえます。3齢幼虫《れいようちゅう》で400㎜^{2}、4齢幼虫《れいようちゅう》で1300㎜^{2}ほどだったのが、終齢幼虫《しゅうれいようちゅう》では4800㎜^{2}ほどにもなります。終齢《しゅうれい》幼虫《ようちゅう》の期間《きかん》に1ぴきでこの8倍《ばい》ほどをたべるので、終齢幼虫《しゅうれいようちゅう》が数《すう》ひきいる枝《えだ》では、まん中《なか》の太《ふと》いすじをのこしてたべつくされた葉《は》が目立《めだ》ちます。

体《からだ》を大《おお》きくするために、たくさんの葉《は》をたべるので、ふんの量《りょう》もふえます。木《き》の下《した》の地面《じめん》には、大《おお》きなふんがたくさんころがっているのがみられます。

△1齢幼虫《れいようちゅう》のふん（上側《うえがわ》）と、終齢幼虫《しゅうれいようちゅう》のふん（下側《したがわ》）。実物《じつぶつ》の約《やく》10倍《ばい》です。

△終齢幼虫《しゅうれいようちゅう》にたべられたミカンの葉《は》。葉《は》のまん中《なか》の太《ふと》いすじだけのこります。

枝《えだ》の上《うえ》で動《うご》かなくなった終齢幼虫《しゅうれいようちゅう》。1日《にち》ほど、何《なに》もたべずにじっとしていて、体《からだ》の中《なか》のふんを全部《ぜんぶ》すてる準備《じゅんび》をします。

糸《いと》をはく幼虫《ようちゅう》

終齢幼虫《しゅうれいようちゅう》になって1週間《しゅうかん》ほどすると、それまでさかんに動《うご》きまわって葉《は》をたべていた幼虫《ようちゅう》が、きゅうに葉《は》をたべなくなります。そして、1日《にち》ほど葉《は》の上《うえ》でじっとしていたあと、ぼろぼろしたふんをします。これが、さなぎになる準備《じゅんび》がととのった合図《あいず》です。

ふんをした幼虫《ようちゅう》は、さかんに歩《ある》きまわり、さなぎになる場所《ばしょ》をさがします。場《ば》所《しょ》をきめた幼虫《ようちゅう》は、そこに糸《いと》をはいてかたまりにし、腹先《はらさき》をささえる場所《ばしょ》をつくります。そして、自分《じぶん》の体《からだ》に糸《いと》をかけ、動《うご》かなくなります。

じっとしていたあとにした、ふん。さなぎになる前《まえ》に、体《からだ》の中《なか》のよぶんな物《もの》をすてるためなのか、ふだんとはちがい、水分《すいぶん》が多《おお》く、ぼろぼろとくずれやすいふんです。

下《した》あごにある３本《ぼん》の突起《とっき》（矢印《やじるし》）のまん中《なか》が、糸《いと》をはきだすくだです。ここから細《ほそ》い糸《いと》をはきます。幼虫《ようちゅう》は、さなぎになるときだけでなく、ふだん歩《ある》くときや脱皮《だっぴ》をするときにも糸《いと》をはき、あしをひっかけて体《からだ》をささえます。

体《からだ》に糸《いと》をまきつける幼虫《ようちゅう》

1. 枝《えだ》に糸《いと》をはきかけてかたまりにして、腹《はら》先《さき》をささえる場所《ばしょ》をつくります。
2. そこから、体《からだ》を上《うえ》にむけて、腹先《はらさき》を糸《いと》のかたまりに固定《こてい》します。
3. 枝《えだ》の一部《いちぶ》に糸《いと》をはき、その糸《いと》を輪《わ》にします。

4.5. 糸《いと》の輪《わ》に体《からだ》をくぐらせ、背中《せなか》にまわして背負《せお》います。

6. 糸《いと》で体《からだ》がささえられると、頭《あたま》を下《した》にまげて、そのままじっと動《うご》かなくなります。

皮《かわ》をぬいでさなぎになった

体《からだ》に糸《いと》（帯糸《たいし》）をかけた幼虫《ようちゅう》は、そのまま１日《にち》ほどじっとしています。さなぎになるために、体《からだ》の中《なか》をどろどろにとかし、成虫《せいちゅう》の体《からだ》へとつくりかえているのです。この状態《じょうたい》を前蛹《ぜんよう》といいます。

準備《じゅんび》ができると、前蛹《ぜんよう》は脱皮《だっぴ》をしてさなぎになります。体《からだ》をくねらせるように皮《かわ》をぬぎ、腹先《はらさき》にまとめると、じょうずに下《した》にすてます。脱皮《だっぴ》をおえてさなぎになると、羽化《うか》の準備《じゅんび》ができるまで、そのままじっと動《うご》かなくなります。

◀さなぎの腹先《はらさき》には、先《さき》がかぎばりのような突起《とっき》がたくさんあります。この部分《ぶぶん》を糸《いと》のかたまりにからませ、マジックテープのように腹先《はらさき》を固定《こてい》しています。

△体《からだ》を固定《こてい》して約《やく》１日《にち》、頭《あたま》の後《うし》ろの部分《ぶぶん》の皮《かわ》がさけ、脱皮《だっぴ》がはじまります。ふつう、さなぎへの脱皮《だっぴ》は夜間《やかん》にします。

△体《からだ》をくねらせるようにして、ぬいだ皮《かわ》を腹先《はらさき》の方《ほう》へおくっていきます。

△体《からだ》の皮《かわ》がだんだんかたくなっていき、背中《せなか》をそらせた姿勢《しせい》でじっとしているようになります。

△さなぎになってから４日目《よっかめ》。糸《いと》で背中《せなか》をささえ、腹先《はらさき》の突《とっ》起《き》でしっかりと枝《えだ》にくっついています。

さなぎの色《いろ》

アゲハチョウのさなぎは、はじめは緑《みどり》色《いろ》ですが、緑色《みどりいろ》のままのものと、色《いろ》がかわるものがあります。

春《はる》から秋《あき》にさなぎになるものは、昼間《ひるま》の光《ひかり》の量《りょう》と、さなぎがつく部分《ぶぶん》のなめらかさが影響《えいきょう》して、緑色《みどりいろ》になったり、こい茶色《ちゃいろ》やうすい茶色《ちゃいろ》になるようです。秋《あき》のおわりにさなぎになって冬《ふゆ》をこすものは、緑色《みどりいろ》やオレンジ色《いろ》、こげ茶色《ちゃいろ》などになりますが、こちらはべつの要因《よういん》で色《いろ》がきまるようです。

光《ひかり》が十分《じゅうぶん》にあたり、若《わか》い枝《えだ》や葉《は》などつるつるしたところでは、さなぎは緑色《みどりいろ》になります（左《ひだり》）。一方《いっぽう》、うすぐらい場所《ばしょ》やかれた枝《えだ》や幹《みき》につくさなぎは、茶色《ちゃいろ》っぽい色《いろ》になります（右《みぎ》）。結果的《けっかてき》に、周囲《しゅうい》とにた目立《めだ》たない色《いろ》になるしくみになっているようです。

背中《せなか》にかけた糸《いと》の部分《ぶぶん》も、体《からだ》をゆすって、ぬいだ皮《かわ》がひっかからないようにおくっていきます。

腹先《はらさき》からぬいだ皮《かわ》をすてたあと、糸《いと》のかたまりに腹先《はらさき》の突起《とっき》をしっかりと固定《こてい》します。

さなぎになってから10日目《とおかめ》。さなぎのからがだんだんすきとおってきて、中《なか》がみえてきます。

さなぎの中《なか》で成虫《せいちゅう》が体《からだ》を動《うご》かし、からの一部《いちぶ》がわれ、羽化《うか》がはじまります。

さなぎのからの上側《うえがわ》がななめにわれて、中《なか》から成虫《せいちゅう》がのびあがるように出《で》てきます。

あしを使《つか》って枝《えだ》をはいのぼり、さなぎのからから外《そと》へと出《で》ます。

枝《えだ》につかまってじっとしていると、くしゃくしゃだったはねや、触角《しょっかく》、口《くち》がぴんとしてきます。

ずいぶんはねがぴんとしてきました。2本《ほん》に分《わ》かれていた口《くち》（左《ひだり》の写真《しゃしん》の矢印《やじるし》）も1本《ぽん》のくだになりました。

5

■ はねや触角《しょっかく》、口《くち》がしっかりすると、そのために使《つか》った水分《すいぶん》のあまりをおしっことしてすてます。太《ふと》かった腹《はら》がほっそりとなります。はねが十分《じゅうぶん》にかわくと、花《はな》のみつをすいに飛《と》びたっていきます。

チョウになった

卵《たまご》が産《う》みつけられてから５～６週間《しゅうかん》たつころ、さなぎのからの上《うえ》の方《ほう》がわれ、アゲハチョウの成虫《せいちゅう》が羽化《うか》します。

成虫《せいちゅう》は、さなぎがついていた枝《えだ》をはいのぼります。あしで枝《えだ》につかまり、腹《はら》をふくらませたりちぢめたりすると、体液《たいえき》がはねのすじに送《おく》られ、だんだんはねがのびていきます。くしゃくしゃだったはねがぴんとのびると、体《からだ》の中《なか》のあまった水分《すいぶん》を、おしっことしてすてます。そして、はねがすっかりかわくと、みつを求《もと》めて、花《はな》へと飛《と》んでいきます。

アゲハチョウのように、卵《たまご》から成虫《せいちゅう》になるあいだに、幼虫《ようちゅう》とさなぎという段階《だんかい》をへる成長《せいちょう》のしかたを、完全変態《かんぜんへんたい》（63ページ）といいます。

夏《なつ》から秋《あき》に

羽化《うか》した成虫《せいちゅう》は、春《はる》に飛《と》んでいたものよりも体《からだ》が大《おお》きく、色《いろ》も少《すこ》しちがいます。冬《ふゆ》をこしたさなぎから春《はる》のはじめに羽化《うか》する成虫《せいちゅう》を、春型《はるがた》といいます。そして、春型《はるがた》の子孫《しそん》で秋《あき》までに何回《なんかい》か羽化《うか》する成《せい》虫《ちゅう》を、夏型《なつがた》といいます。

夏型《なつがた》のアゲハチョウは、羽化《うか》したあと、花《はな》のみつをすって元気《げんき》をつけ、交尾《こうび》をし、卵《たまご》を産《う》みます。こうして、初夏《しょか》から秋《あき》までに、2～4世代《せだい》の夏型《なつがた》が羽化《うか》します。温暖《おんだん》な地域《ちいき》では成長速度《せいちょうそくど》が速《はや》く、羽化《うか》する回数《かいすう》が多《おお》くなります。

そして、秋《あき》が深《ふか》まってくると、成虫《せいちゅう》が羽化《うか》しなくなります。日《ひ》が短《みじか》くなったのを感《かん》じると、アゲハチョウのさなぎは成《せい》長《ちょう》をとめて、冬《ふゆ》をこすようになるのです。

△ヒガンバナの花《はな》のみつをすうアゲハチョウ。アゲハチョウは赤《あか》い花《はな》がすきなようで、秋《あき》にはヒガンバナのみつをすうすがたが、よくみられます。

◁ヤブガラシの花《はな》のみつをすうアゲハチョウ。目《め》立《だ》たない小《ちい》さな花《はな》ですが、みつがすいやすいのか、非常《ひじょう》によくおとずれます。

春型《はるがた》と夏型《なつがた》のチョウ

アゲハチョウでは、春型《はるがた》と夏型《なつがた》ではねの大《おお》きさと、はねの色《いろ》がちがいます。

春型《はるがた》のはねが小《ちい》さいのは、寒《さむ》い冬《ふゆ》をすごすさなぎの時期《じき》にエネルギーを多《おお》く使《つか》ってしまうためだと、考《かんが》えられています。まだ気温《きおん》が低《ひく》いため、体《からだ》の熱《ねつ》をにげにくくする効果《こうか》もあるようです。また、夏型《なつがた》のはねが黒《くろ》っぽいのは、強《つよ》い日《ひ》ざしへの対策《たいさく》のようです。

△アゲハチョウの春型《はるがた》のオス（左《ひだり》）と夏型《なつがた》のオス。春型《はるがた》ははねが小《ちい》さく、明《あか》るい色《いろ》です。これに対《たい》して、夏型《なつがた》ははねが大《おお》きく、黒《くろ》っぽい部分《ぶぶん》の面積《めんせき》が大《おお》きく、全体《ぜんたい》に色《いろ》がこくみえます。

△春先《はるさき》のアゲハチョウのさなぎ。冬《ふゆ》ごしをするさなぎは、一定《いってい》期間《きかん》寒《さむ》さにさらされたあと、目《め》をさまします。

また春《はる》が来《き》て

寒《さむ》い冬《ふゆ》がおわり、暖《あたた》かな春《はる》がやってくると、ねむっていたさなぎが目《め》ざめ、成《せい》長《ちょう》をはじめます。やがて、さなぎから春《はる》型《がた》のアゲハチョウが羽化《うか》してきます。羽《う》化《か》したアゲハチョウは、ナノハナなどがさく野原《のはら》へと飛《と》んでいきます。

そして、オスとメスがであって交尾《こうび》をし、また、たくさんの卵《たまご》が、ミカンのなかまの木《き》の葉《は》に産《う》みつけられます。

■羽化《うか》した春型《はるがた》のアゲハチョウ。春《はる》の暖《あたた》かな日《ひ》ざしをあびて、はねをかわかしています。

庭木《にわき》のカラタチに卵《たまご》を産《う》みにやってきたアゲハチョウ。

アゲハチョウをさがそう

アゲハチョウは、日本《にほん》各地《かくち》でごくふつうにみられるチョウです。体《からだ》が大《おお》きくて、はねの色《いろ》もあざやかなので、飛《と》んでいればすぐに気《き》がつきます。

花《か》だんや野原《のはら》で、花《はな》がさいている場《ば》所《しょ》には、みつをすいにやってきている成虫《せいちゅう》がみられます。また、公園《こうえん》や庭《にわ》、植《う》えこみでは、サンショウやカラタチ、キンカン、ナツミカンなど、ミカンのなかまの木《き》のまわりで、メスをさがしているオスや、卵《たまご》を産《う》みにくるメスがみられます。

飛《と》び方《かた》や、みつのすい方《かた》、オスがメスをさそったり、追《お》いかけたり、交尾《こうび》をする行動《こうどう》、卵《たまご》の産《う》み方《かた》などを観察《かんさつ》してみましょう。

●卵《たまご》や幼虫《ようちゅう》、さなぎをさがそう

アゲハチョウは、ミカンのなかまの木《き》の葉《は》に卵《たまご》を産《う》み、幼虫《ようちゅう》はそれらの木《き》の葉《は》をたべて育《そだ》ちます。アゲハチョウが来《き》ている木《き》があったら、卵《たまご》がないか、葉《は》をよく調《しら》べてみましょう。また、その木《き》の葉《は》がかじられていたら、幼虫《ようちゅう》をさがしてみましょう。下《した》におちているふんも目印《めじるし》になります。卵《たまご》やさなぎを観察《かんさつ》するときは、さわったり、強《つよ》くゆらしたりしないよう、気《き》をつけましょう。

卵《たまご》や幼虫《ようちゅう》、さなぎがいそうな場所《ばしょ》

△かきねになっているサンショウの植《う》えこみ。

△ミカン畑《ばたけ》のまわりや、庭《にわ》に植《う》えられたミカンの木《き》。

△はち植《う》えにしてあるユズやキンカンの木《き》。

△庭《にわ》や公園《こうえん》に植《う》えられているカラタチの木《き》。

●アゲハチョウをよんでみよう

アゲハチョウのオスは、はねのしまもようを目印《めじるし》にして、メスをさがします。右《みぎ》の写真《しゃしん》のように、白《しろ》やクリーム色《いろ》の紙《かみ》に、黒《くろ》い線《せん》でしまもようを書《か》き、木《き》の枝《えだ》などにつるしてみましょう。しまもようをみつけたオスが、メスかどうかを調《しら》べに近《ちか》よってくるはずです。紙《かみ》の色《いろ》や、線《せん》の太《ふと》さをかえて、オスの反応《はんのう》を調《しら》べてみましょう。

△しまもようを書《か》いた紙《かみ》を調《しら》べにやってきたアゲハチョウのオス。ほかのアゲハのなかまがやってくることもあります。

卵《たまご》や幼虫《ようちゅう》を飼《か》ってみよう

アゲハチョウの卵《たまご》や幼虫《ようちゅう》をみつけたら、飼育《しいく》して観察《かんさつ》してみましょう。大《おお》きくなった幼虫《ようちゅう》のえさささえ確保《かくほ》できれば、飼育《しいく》はむずかしくありません。ふ化《か》のようすや、葉《は》の食《た》べ方《かた》、脱皮《だっぴ》するときのようすなどを観察《かんさつ》することができます。また、体《からだ》の細《こま》かい部分《ぶぶん》もじっくり観察《かんさつ》できます。

大《おお》きな幼虫《ようちゅう》ほど寄生《きせい》されていることが多《おお》いので、卵《たまご》や小《ちい》さな幼虫《ようちゅう》から飼育《しいく》するようにしましょう。

長《なが》い方《ほう》のはばが30～45㎝くらいの飼育《しいく》ケースを写真《しゃしん》のように立《た》て、終齢幼虫《れいようちゅう》を2ひきくらい飼《か》いましょう。幼虫《ようちゅう》が小《ちい》さいうちは、ジャムのびんや食品《しょくひん》の容器《ようき》などでも飼育《しいく》できます。
食樹《しょくじゅ》の枝《えだ》を、水《みず》を入《い》れた容器《ようき》にさします。

持《も》ち帰《かえ》り方《かた》

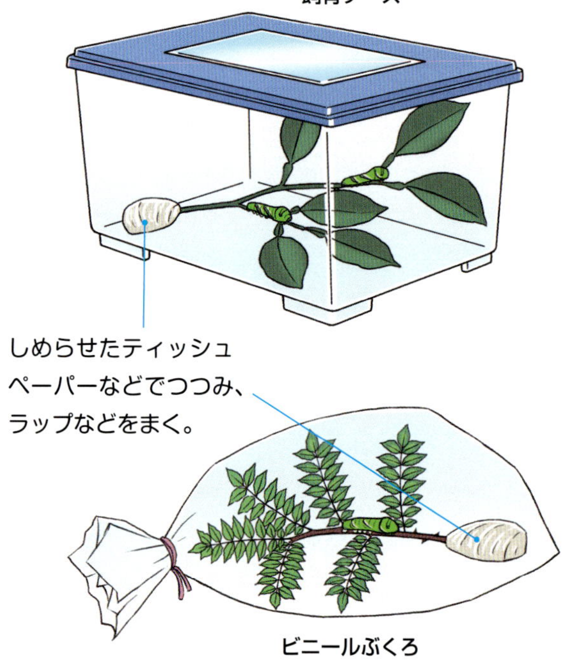
飼育《しいく》ケース
しめらせたティッシュペーパーなどでつつみ、ラップなどをまく。
ビニールぶくろ

▲卵《たまご》や幼虫《ようちゅう》がついている枝《えだ》ごと、飼育《しいく》ケースやビニールぶくろに入《い》れて持《も》ち帰《かえ》ります。

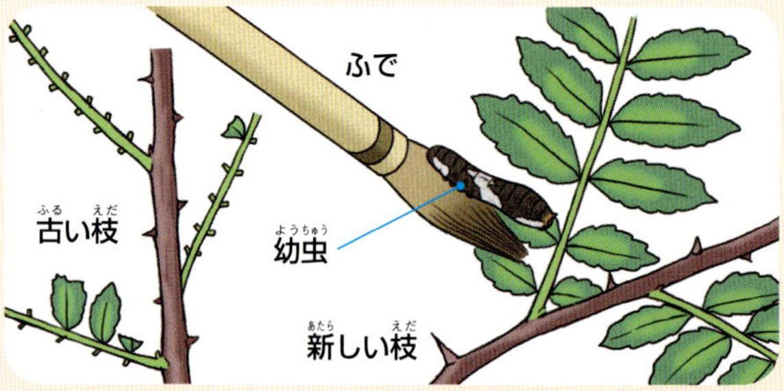
ふで
古《ふる》い枝《えだ》
幼虫《ようちゅう》
新《あたら》しい枝《えだ》

▲えさをとりかえるときは、幼虫《ようちゅう》をふでの上《うえ》にのせて、新《あたら》しい枝《えだ》の上《うえ》にうつしましょう*。

*幼虫《ようちゅう》が葉《は》や枝《えだ》につかまるために糸《いと》をはいているときは、動《うご》かさずにしばらくまち、糸《いと》をはかなくなったときに移動《いどう》させてください。

飼育《しいく》ケースは、風通《かぜとお》しがよく、日光《にっこう》がじかにあたらない、明《あか》るい場所《ばしょ》におきましょう。

幼虫《ようちゅう》がにげださないように、しっかりとふたがしまる飼育《しいく》容器《ようき》を使《つか》いましょう。
キッチンペーパーなどをしき、ふんでよごれたら、とりかえます。

せわのしかた

△えさの葉《は》がほとんどたべつくされたり、しおれてきたら、新《あたら》しい枝《えだ》にかえましょう。底《そこ》にしいたキッチンペーパーがふんでよごれてきたら、とりかえましょう。終齢幼虫《しゅうれいようちゅう》は、とてもたくさん葉《は》をたべるので、幼虫《ようちゅう》が小《ちい》さいうちに、ミカンのなかまの木《き》をはち植《う》えなどにして、栽培《さいばい》しておきましょう。

成虫《せいちゅう》の飼《か》い方《かた》

幼虫《ようちゅう》がさなぎになり、羽化《うか》したら、はち植《う》えの食樹《しょくじゅ》を洗《せん》濯用《たくよう》のネットなどでおおって、成虫《せいちゅう》を何《なん》びきか入《い》れて飼育《しいく》してみましょう。オスとメスを入《い》れておけば、交尾《こうび》をして産卵《さんらん》することもあります。ふきながしとよばれる、あみに入《い》れても飼育《しいく》できます。えさは、乳酸飲料《にゅうさんいんりょう》をあたえましょう。

◀ふきながしとよばれる、成虫飼《せいちゅうし》育用《いくよう》のあみ。

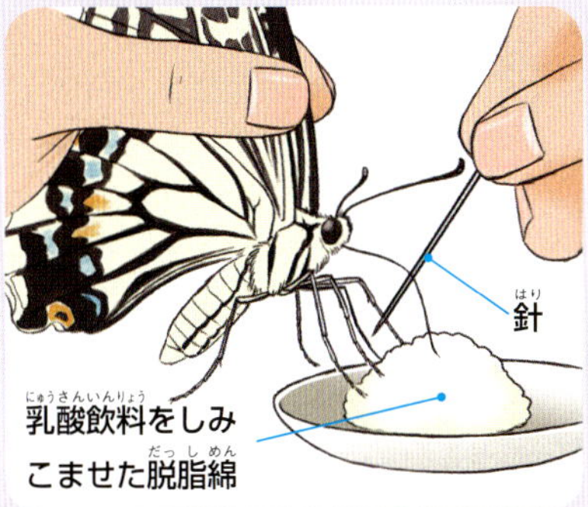
針《はり》
乳酸飲料《にゅうさんいんりょう》をしみこませた脱脂綿《だっしめん》

▶針《はり》で丸《まる》めている口《くち》をのばし、口《くち》の先《さき》をえさにつけると、自分《じぶん》ですいます。

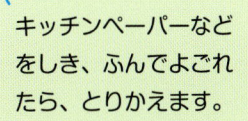

幼虫《ようちゅう》の体《からだ》

アゲハチョウの幼虫《ようちゅう》は、1齢《れい》から3齢《れい》までは体《からだ》も小《ちい》さく、ルーペを使《つか》っても細《こま》かい部分《ぶぶん》は観察《かんさつ》しづらいです。4齢《れい》と5齢幼虫《れいようちゅう》は体《からだ》も大《おお》きく、細《こま》かい部《ぶ》分《ぶん》のつくりがよくわかります。

幼虫《ようちゅう》の体《からだ》は、頭《あたま》と胸部《きょうぶ》、腹部《ふくぶ》からできていて、頭部《とうぶ》はやや固《かた》いからにつつまれています。胸部《きょうぶ》は3つの節《ふし》からできていて、それぞれの節《ふし》に2本《ほん》（1対《つい》）、合計《ごうけい》6本《ぼん》（3対《つい》）の胸脚《きょうきゃく》というあしがあります。腹部《ふくぶ》には腹脚《ふくきゃく》というあしが4対《つい》と、腹先《はらさき》に尾脚《びきゃく》というあしが1対《つい》あります。

1齢幼虫《れいようちゅう》。長《なが》さ2～3㎜ほどしかありません。体《からだ》には細《こま》かい突起《とっき》があって、そこから毛《け》がはえています。

4齢幼虫《れいようちゅう》。体《からだ》の色《いろ》が鳥《とり》のふんのようなもようになっています。長《なが》さ2～3㎝ほどあります。

臭角《しゅうかく》。刺激《しげき》をうけると、頭部《とうぶ》と胸部《きょうぶ》のあいだの部分《ぶぶん》からつき出《で》る、くさいにおいをだす突起《とっき》です。

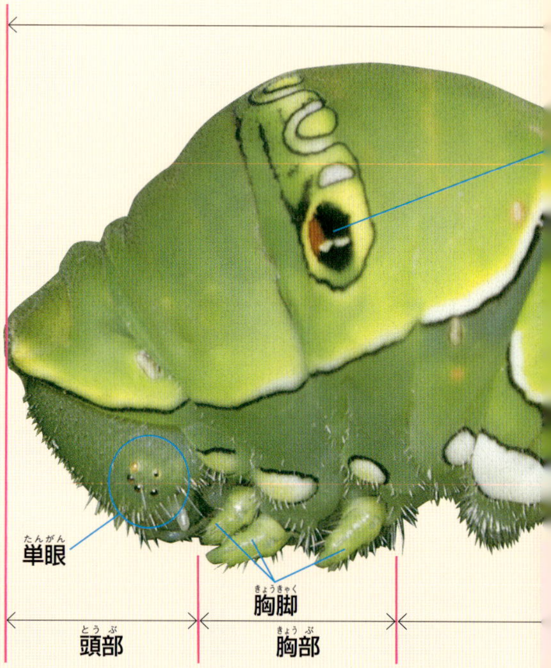

頭部《とうぶ》の左右《さゆう》に、6個《こ》ずつ眼《め》（単眼《たんがん》）があります。物《もの》の形《かたち》はわかりませんが、明《あか》るさを感《かん》じることができます。

大《おお》あご

△口《くち》（大《おお》あご）は、左右《さゆう》に開《ひら》くきばのような形《かたち》で、葉《は》をはさんでかみ切《き》り、たべることができます。

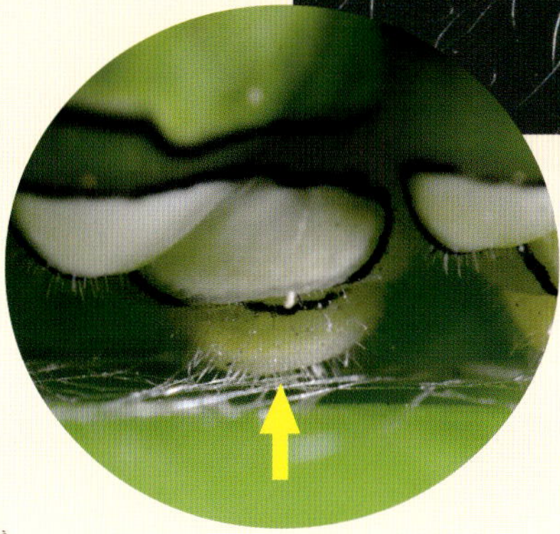

◁△腹脚《ふくきゃく》と尾脚《びきゃく》には、細《こま》かいかぎづめがたくさんあり、このかぎづめを自分《じぶん》がはいた糸《いと》にひっかけ（矢印《やじるし》）、歩《ある》いたり、体《からだ》をささえたりします。

全長《ぜんちょう》
目玉《めだま》もよう
胸部《きょうぶ》をふくらませると、ヘビの顔《かお》のようにみえます。
尾脚《びきゃく》
腹部《ふくぶ》
腹脚《ふくきゃく》

さなぎの体《からだ》

さなぎの体《からだ》の形《かたち》は、幼虫《ようちゅう》とも成虫《せいちゅう》ともちがい、とてもふしぎな形《かたち》にみえます。でも、よくみると、さなぎの体《からだ》には、成虫《せいちゅう》になったときの体《からだ》の元《もと》ができていることがわかります。頭部《とうぶ》や胸部《きょうぶ》、腹部《ふくぶ》に分《わ》かれていて、成虫《せいちゅう》の触角《しょっかく》やあし、はねになる部分《ぶぶん》もちゃんとみえます。

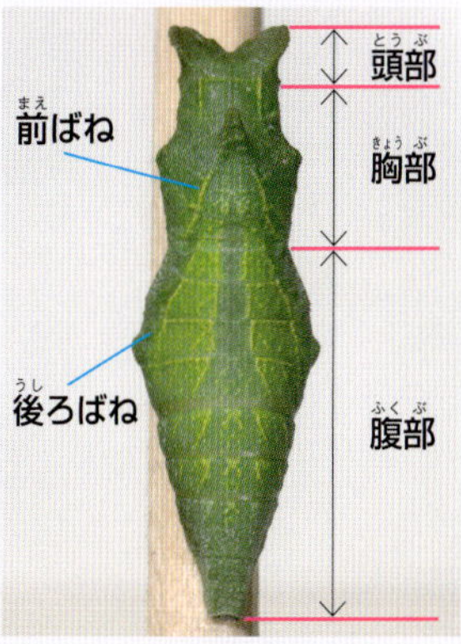
頭部《とうぶ》
前《まえ》ばね
胸部《きょうぶ》
後《うし》ろばね
腹部《ふくぶ》

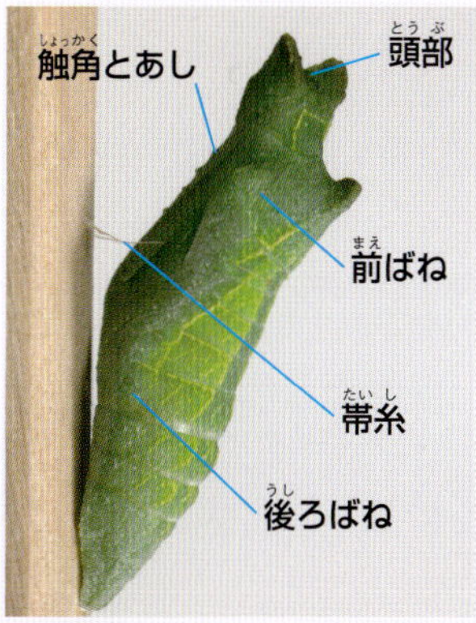
触角《しょっかく》とあし
頭部《とうぶ》
前《まえ》ばね
帯糸《たいし》
後《うし》ろばね

成虫《せいちゅう》の体《からだ》

春型《はるがた》のメス

アゲハチョウの成虫《せいちゅう》の体《からだ》は、頭部《とうぶ》と胸部《きょうぶ》、腹部《ふくぶ》の３つ《みっ》の部分《ぶぶん》に分《わ》かれています。体《からだ》は１まいにつながった皮《かわ》（外骨格《がいこっかく》）でおおわれていて、細《こま》かい毛《け》がたくさんはえています。

頭部《とうぶ》には１対《つい》（２本《ほん》）の長《なが》い触角《しょっかく》があり、眼《め》（複眼《ふくがん》）と細《ほそ》いくだのような口《くち》があります。

胸部《きょうぶ》は３つ《みっ》の節《ふし》からできていて、それぞれの節《ふし》に１対《つい》（２本《ほん》）ずつあしがついています。また、胸部《きょうぶ》には２対《つい》（４まい）の大《おお》きなはねがあります。また、腹部《ふくぶ》は10個《こ》の節《ふし》からできています。

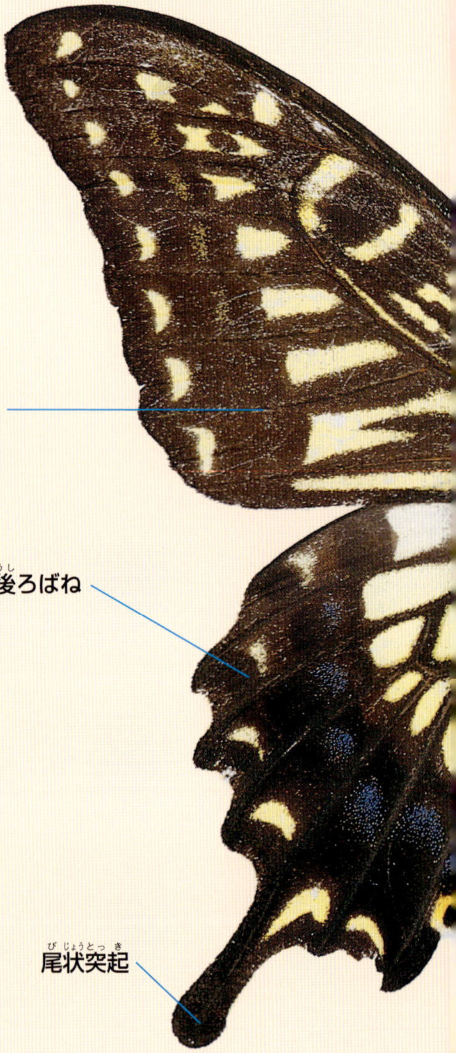

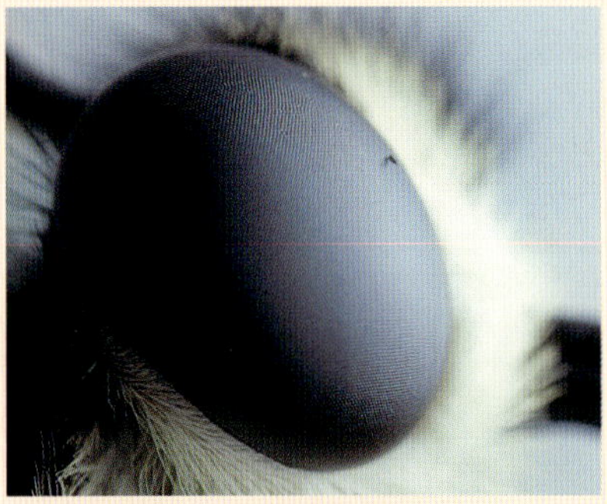

眼《め》は大《おお》きく、小《ちい》さな眼《め》がたくさんあつまった複眼《ふくがん》になっています。

触角《しょっかく》は細《ほそ》く、先《さき》がこん棒《ぼう》のようにふくらんでいて、においを感《かん》じます。

口《くち》は２本《ほん》のといが合《あ》わさった長《なが》いくだで、ふだんは丸《まる》められています。

みつをすうときには、丸《まる》めていた口《くち》をのばして、先《さき》からみつをすいます。

腹部《ふくぶ》は10個《こ》の節《ふし》でできていて、細《こま》かい毛《け》におおわれています。

△夏型《なつがた》のオス

△夏型《なつがた》のメス

△あしの先《さき》には細《こま》かい毛《け》（矢印《やじるし》）があり、さわった物《もの》の味《あじ》やにおいを感《かん》じることができます。

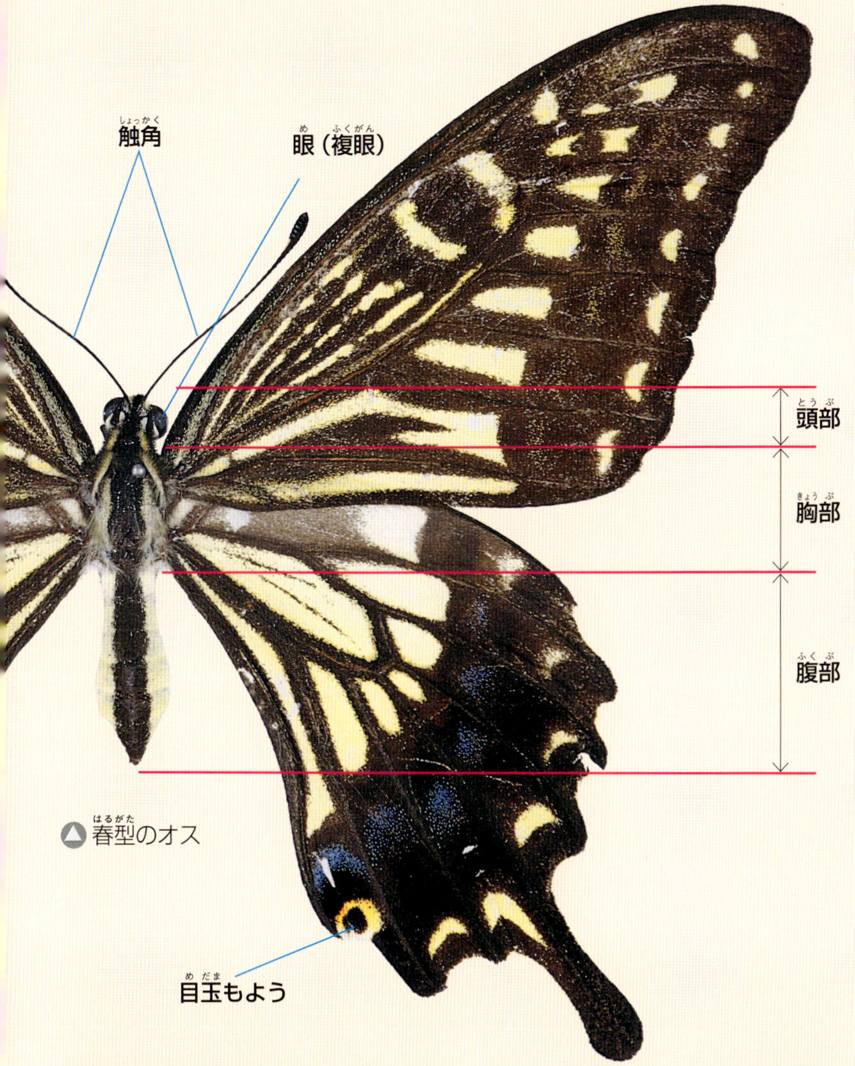

△春型《はるがた》のオス

△はねは、毛《け》が変化《へんか》したりん粉《ぷん》という小《ちい》さな板《いた》でおおわれています。

△りん粉《ふん》におおわれたはねは、水《みず》をよくはじきます。

チョウがみる色《いろ》

アゲハチョウなど、チョウの多《おお》くは、人間《にんげん》の眼《め》にはみえない紫外線《しがいせん》という光《ひかり》をみることができます。花《はな》のなかには、昆虫《こんちゅう》をよんで花粉《かふん》をはこんでもらうため、みつのありかをしめすネクターガイドというもようをもつものがあります。ネクターガイドは、紫外線《しがいせん》をはねかえすので、アゲハチョウの眼《め》には、このもようが、はっきりとみえると考《かんが》えられています。

□人間《にんげん》の眼《め》でみたナノハナ（左《ひだり》）と、紫外線《しがいせん》がみえるカメラでみたナノハナ（右《みぎ》）。みつがある花《はな》の中心《ちゅうしん》近《ちか》くにある色《いろ》がこい部分《ぶぶん》が、ネクターガイドです。

かがやくいのち図鑑《ずかん》

アゲハチョウのなかま 1

日本《にほん》には、アゲハチョウのなかまが 18種《しゅ》類《るい》*ほどいます。成虫《せいちゅう》と終齢幼虫《しゅうれいようちゅう》のすがたをみてみましょう。

＊成虫《せいちゅう》の大《おお》きさは、はねを広《ひろ》げたときの前《まえ》ばねの幅《はば》（開張《かいちょう》）で、終齢幼虫《しゅうれいようちゅう》は体《からだ》の長《なが》さ（全長《ぜんちょう》）でしめしてあります。

アゲハ　開張《かいちょう》*70〜100㎜

全国各地《ぜんこくかくち》でふつうにみられるチョウです。食樹《しょくじゅ》はミカンのなかまの木《き》などです。さなぎで越冬《えっとう》します。

全長《ぜんちょう》55㎜くらい

キアゲハ　開張《かいちょう》70〜90㎜

北海道《ほっかいどう》から本州《ほんしゅう》、四国《しこく》、九州《きゅうしゅう》までの各地《かくち》でみられます。食草《しょくそう》はミツバやシシウドなど、セリのなかまの草《くさ》です。さなぎで越冬《えっとう》します。

全長《ぜんちょう》50㎜くらい

クロアゲハ　開張《かいちょう》80〜120㎜

本州《ほんしゅう》から沖縄《おきなわ》までの各地《かくち》でみられます。暗《くら》い林《はやし》の中《なか》でもよくみられます。食樹《しょくじゅ》は、サンショウやミヤマシキミなどのミカンのなかまの木《き》です。さなぎで越冬《えっとう》しますが、八重山諸島《やえやましょとう》では成虫《せいちゅう》が一年中《いちねんじゅう》みられます。

全長《ぜんちょう》55㎜くらい

モンキアゲハ　開張《かいちょう》110㎜くらい

関東地方《かんとうちほう》から南《みなみ》の本州《ほんしゅう》、四国《しこく》、九州《きゅうしゅう》、沖縄《おきなわ》までの各地《かくち》でみられます。食樹《しょくじゅ》はカラスザンショウなどのミカンのなかまの木《き》です。さなぎで越冬《えっとう》します。

全長《ぜんちょう》60㎜くらい

シロオビアゲハ

開張《かいちょう》70〜85㎜

日本《にほん》では南西諸島《なんせいしょとう》でだけみられます。成虫《せいちゅう》がほぼ一年中《いちねんじゅう》みられます。食樹《しょくじゅ》は、サルカケミカンなどのミカンのなかまの木《き》です。

全長《ぜんちょう》40〜45㎜

＊ここでは、もともと日本《にほん》では繁殖《はんしょく》していなかった種類《しゅるい》（オナシアゲハとホソオチョウ）もふくめ、20種類《しゅるい》を紹介《しょうかい》しています。

オナガアゲハ　開張《かいちょう》85～100㎜

北海道《ほっかいどう》から本州《ほんしゅう》、四国《しこく》、九州《きゅうしゅう》の山地《さんち》でみられます。食樹《しょくじゅ》はコクサギやサンショウなど、ミカンのなかまの木《き》などです。さなぎで越冬《えっとう》します。

全長《ぜんちょう》45㎜くらい

ミヤマカラスアゲハ　開張《かいちょう》80～130㎜

北海道《ほっかいどう》から本州《ほんしゅう》、四国《しこく》、九州《きゅうしゅう》の山地《さんち》でみられます。食樹《しょくじゅ》はキハダやカラスザンショウなど、ミカンのなかまの木《き》などです。さなぎで越冬《えっとう》します。

全長《ぜんちょう》50㎜くらい

ナガサキアゲハ　開張《かいちょう》90～120㎜

関東地方《かんとうちほう》より南《みなみ》の本州《ほんしゅう》、四国《しこく》、九州《きゅうしゅう》、沖縄《おきなわ》でみられます。80年《ねん》くらい前《まえ》から、九州《きゅうしゅう》から、四国《しこく》や本州《ほんしゅう》へと、すみ場所《ばしょ》を広《ひろ》げてきたチョウです。食樹《しょくじゅ》はカラタチなど、ミカンのなかまの木《き》です。さなぎで越冬《えっとう》します。

全長《ぜんちょう》70㎜くらい

カラスアゲハ　開張《かいちょう》80～120㎜

全国各地《ぜんこくかくち》でふつうにみられるチョウです。食樹《しょくじゅ》はサンショウやカラタチ、キハダなど、ミカンのなかまの木《き》などです。さなぎで越冬《えっとう》します。

全長《ぜんちょう》50㎜くらい

かがやくいのち図鑑《ずかん》

アゲハチョウのなかま 2

アゲハチョウのなかまには、数《かず》が少《すく》ないものや、限《かぎ》られた地域《ちいき》にしかすんでいないものもいます。

オナシアゲハ　開張《かいちょう》*75㎜くらい

台湾《たいわん》で生《う》まれた成虫《せいちゅう》が、沖縄《おきなわ》や九州《きゅうしゅう》などに飛《と》んできて、一時的《いちじてき》に卵《たまご》を産《う》んだりするのがみられます。食樹《しょくじゅ》はミカンのなかまの木《き》などです。

全長《ぜんちょう》30㎜くらい

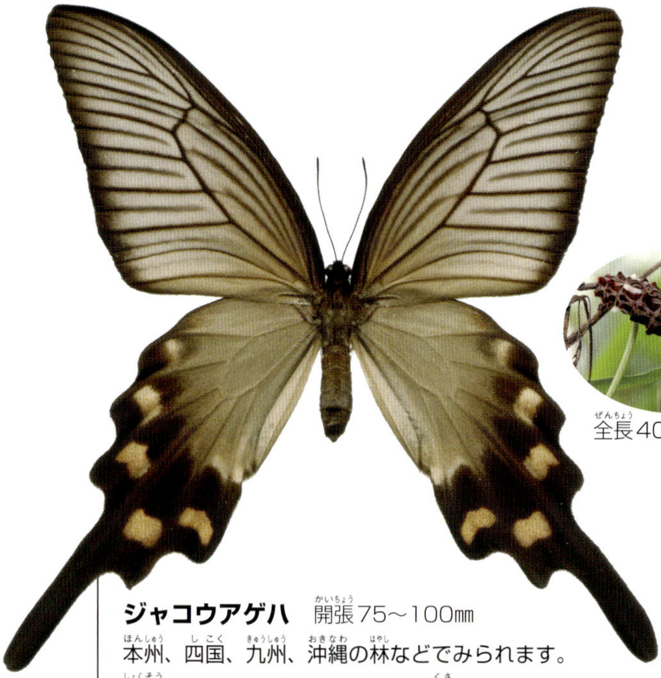

ジャコウアゲハ　開張《かいちょう》75〜100㎜

本州《ほんしゅう》、四国《しこく》、九州《きゅうしゅう》、沖縄《おきなわ》の林《はやし》などでみられます。食草《しょくそう》はウマノスズクサのなかまの草《くさ》。さなぎで越冬《えっとう》します。この成虫《せいちゅう》の写真《しゃしん》はメスです。

全長《ぜんちょう》40㎜くらい

ミカドアゲハ　開張《かいちょう》55〜70㎜

近畿地方《きんきちほう》より南《みなみ》の本州《ほんしゅう》、四国《しこく》、九州《きゅうしゅう》、沖縄《おきなわ》でみられます。食樹《しょくじゅ》は、タイサンボクなど、モクレンのなかまの木《き》です。さなぎで越冬《えっとう》します。

全長《ぜんちょう》45㎜くらい

ベニモンアゲハ

開張《かいちょう》80㎜くらい

日本《にほん》では沖縄《おきなわ》や奄美諸島《あまみしょとう》の島々《しまじま》でみられます。成虫《せいちゅう》がほぼ一年中《いちねんじゅう》みられます。食草《しょくそう》は、リュウキュウウマノスズクサなどのウマノスズクサのなかまの草《くさ》です。

全長《ぜんちょう》40㎜くらい

アオスジアゲハ　開張《かいちょう》55〜65㎜

本州《ほんしゅう》から四国《しこく》、九州《きゅうしゅう》、沖縄《おきなわ》でみられます。食樹《しょくじゅ》は、タブノキやクスなど、クスノキのなかまの木《き》です。さなぎで越《えっ》冬《とう》します。

全長《ぜんちょう》40〜45㎜

*成虫《せいちゅう》の大《おお》きさは、はねを広《ひろ》げたときの前《まえ》ばねの幅《はば》（開張《かいちょう》）で、終齢幼虫《しゅうれいようちゅう》は体《からだ》の長《なが》さ（全長《ぜんちょう》）でしめしてあります。

全長《ぜんちょう》35㎜くらい

ギフチョウ　開張《かいちょう》50〜60㎜

本州《ほんしゅう》の限《かぎ》られた地域《ちいき》の林《はやし》などでみられます。年《ねん》1回《かい》、春早《はるはや》くに、成虫《せいちゅう》が羽化《うか》します。食草《しょくそう》は、ミヤコアオイ、ヒメカンアオイなど、ウマノスズクサのなかまの草《くさ》です。さなぎで越冬《えっとう》します。

全長《ぜんちょう》30㎜くらい

ヒメギフチョウ　開張《かいちょう》50㎜くらい

北海道《ほっかいどう》と本州《ほんしゅう》の限《かぎ》られた地域《ちいき》の山地《さんち》の林《はやし》などでみられます。年《ねん》1回《かい》、春早《はるはや》くに、成虫《せいちゅう》が羽化《うか》します。食草《しょくそう》は、ウスバサイシンなど、ウマノスズクサのなかまの草《くさ》です。さなぎで越冬《えっとう》します。

キイロウスバアゲハ　開張《かいちょう》50㎜くらい

国《くに》の天然記念物《てんねんきねんぶつ》で、ウスバキチョウともいいます。北海道《ほっかいどう》の高山《こうざん》でみられます。成虫《せいちゅう》は夏《なつ》にだけみられ、卵《たまご》から成虫《せいちゅう》になるまで、3年《ねん》かかります。食草《しょくそう》はコマクサです。卵《たまご》とさなぎで越冬《えっとう》します。

全長《ぜんちょう》25㎜くらい

ヒメウスバアゲハ　開張《かいちょう》55㎜くらい

ヒメウスバシロチョウともいいます。北海《ほっかい》道《どう》の一部《いちぶ》の地域《ちいき》でみられます。夏《なつ》に1回羽《かいう》化《か》します。食草《しょくそう》はエゾエンゴサクなど、ケシのなかまの草《くさ》です。卵《たまご》で越冬《えっとう》します。

ウスバアゲハ　開張《かいちょう》50〜60㎜

ウスバシロチョウともいいます。北海《ほっかい》道《どう》と本州《ほんしゅう》、四国《しこく》の一部《いちぶ》の地域《ちいき》でみられます。春《はる》から夏《なつ》に1回羽化《かいうか》します。食《しょく》草《そう》はムラサキケマンなどの草《くさ》です。卵《たまご》で越冬《えっとう》します。

全長《ぜんちょう》40㎜くらい

全長《ぜんちょう》30㎜くらい

天然記念物《てんねんきねんぶつ》のキイロウスバアゲハ

　キイロウスバアゲハは、北《ほっ》海道《かいどう》の大雪山《だいせつざん》などの高山《こうざん》にすむアゲハチョウのなかまで、国《くに》の天然記念物《てんねんきねんぶつ》です。高山《こうざん》のお花畑《はなばたけ》に花《はな》がさく夏《なつ》に羽化《うか》し、高山植物《こうざんしょくぶつ》のコマクサに卵《たまご》を産《う》みます。卵《たまご》で冬《ふゆ》をこし、つぎの年《とし》に幼虫《ようちゅう》からさなぎになって、また冬《ふゆ》をこし、3年目《ねんめ》の初夏《しょか》にやっと羽化《うか》します。

キイロウスバアゲハの成虫《せいちゅう》。

全長《ぜんちょう》30㎜くらい

ホソオチョウ　開張《かいちょう》55〜60㎜

韓国《かんこく》から人間《にんげん》がもちこみ、本州《ほんしゅう》の一部《いちぶ》でふえています。食草《しょくそう》は、ウマノスズクサのなかまの草《くさ》などです。さなぎで越冬《えっとう》します。

さくいん

この本《ほん》で使《つか》っていることばの意味《いみ》

羽化《うか》　昆虫《こんちゅう》が成虫《せいちゅう》になること。チョウやガ、カブトムシやクワガタムシ、ハチやアブなどでは、さなぎから成虫《せいちゅう》が出《で》てくることをいいます。セミやカメムシ、トンボ、バッタなど、さなぎの時期《じき》がない昆虫《こんちゅう》では、最後《さいご》の脱皮《だっぴ》を終《お》えた幼虫《ようちゅう》（終《しゅう》齢幼虫《れいようちゅう》）から成虫《せいちゅう》が出《で》てくることをいいます。

外骨格《がいこっかく》　昆虫《こんちゅう》やクモ、ダンゴムシ、エビやカニ、ムカデやヤスデ、ウニやヒトデなどの体《からだ》の外側《そとがわ》をおおっているかたくなった皮膚《ひふ》のこと。これらの生物《せいぶつ》には、ヒトや哺乳動物《ほにゅうどうぶつ》、鳥《とり》、ヘビやトカゲ、カエルや魚《さかな》などとちがい、体《からだ》の内部《ないぶ》に骨《ほね》がないので、外骨格《がいこっかく》が体《からだ》をささえるやくわりをします。チョウやハチ、セミ、バッタなどでは、ややあつい皮《かわ》のようになっています。また、カブトムシやクワガタムシ、テントウムシなどは外骨格《がいこっかく》がかたく、前《まえ》ばねも甲《こう》らのようになって背中《せなか》をおおっています。

完全変態《かんぜんへんたい》と不完全変態《ふかんぜんへんたい》　チョウやガ、ハチやアブ、カブトムシやクワガタムシなどの昆虫《こんちゅう》は、幼虫《ようちゅう》から成虫《せいちゅう》になるあいだに、さなぎの期間《きかん》があります。幼虫《ようちゅう》が脱皮《だっぴ》してさなぎになり、さなぎから成虫《せいちゅう》が羽化《うか》します。このような成長《せいちょう》のしかたを完《かん》全変態《ぜんへんたい》といいます。これに対《たい》して、トンボやセミ、バッタなどの昆虫《こんちゅう》では、さなぎの期間《きかん》はなく、終齢幼虫《しゅうれいようちゅう》から成虫《せいちゅう》が羽《う》化《か》します。このような成長《せいちょう》のしかたを不完全変態《ふかんぜんへんたい》といいます。

さなぎ　チョウやガ、ハチやアブ、カブトムシやクワガタムシなどの昆虫《こんちゅう》でみられる、幼虫《ようちゅう》から成虫《せいちゅう》になるあいだにみられる状態《じょうたい》。これらの昆虫《こんちゅう》では、幼虫《ようちゅう》と成虫《せいちゅう》の体《からだ》の形《かたち》やしくみが大《おお》きくちがっています。ですから、いったん幼虫《ようちゅう》の体《からだ》をこわし、成虫《せいちゅう》の体《からだ》につくりかえる必要《ひつよう》があります。さなぎは、成虫《せいちゅう》の体《からだ》を入《い》れるための型《かた》のようなもので、どろどろになった幼虫《ようちゅう》の体《からだ》がその型《かた》に入《い》れられ、そこに成虫《せいちゅう》の体《からだ》がつくられていきます。さなぎの期間《きかん》に衝撃《しょうげき》や振動《しんどう》を受《う》けると、成虫《せいちゅう》の体《からだ》をつくるしくみがくるってしまい、成虫《せいちゅう》になれないことがあります。

終齢幼虫《しゅうれいようちゅう》　幼虫《ようちゅう》が脱皮《だっぴ》をくりかえし、それ以上脱皮《いじょうだっぴ》をしなくなった段階《だんかい》になった幼虫《ようちゅう》のこと。卵《たまご》からふ化《か》した幼虫《ようちゅう》を1齢《れい》幼虫《ようちゅう》、1回脱皮《かいだっぴ》した幼虫《ようちゅう》を2齢幼虫《れいようちゅう》と数《かぞ》えます。アゲハチョウではふつう、5齢幼虫《れいようちゅう》が終齢幼虫《しゅうれいようちゅう》になります。チョウやガ、カブトムシなどの甲虫《こうちゅう》、ハチやハエなどの昆虫《こんちゅう》では、終齢幼《しゅうれいよう》虫《ちゅう》からさなぎになり、さなぎから成虫《せいちゅう》が羽化《うか》します。

脱皮《だっぴ》　外骨格《がいこっかく》をもつ動物《どうぶつ》が、成長《せいちょう》するために全身《ぜんしん》の古《ふる》いからをぬぎすて、新《あたら》しいからを身《み》にまとうようになること。古《ふる》いからの下《した》にできた新《あたら》しいからは、最初《さいしょ》はやわらかいので、脱《だっ》皮《ぴ》をした直後《ちょくご》にのびて、体《からだ》が大《おお》きくなることができます。昆《こん》虫《ちゅう》は幼虫《ようちゅう》のときに数回脱皮《すうかいだっぴ》をし、成虫《せいちゅう》になると脱皮《だっぴ》しなくなります。アゲハチョウは、幼虫《ようちゅう》のときに4回脱皮《かいだっぴ》をして、そのつぎの脱皮《だっぴ》ではさなぎになります。

ふ化《か》　卵《たまご》がかえって、幼虫《ようちゅう》や子《こ》が出《で》てくること。アゲハチョウではメスが産《う》んだ卵《たまご》は、10日《とおか》から2週間《しゅうかん》ほどでふ化《か》します。

蛹化《ようか》　最後《さいご》の脱皮《だっぴ》を終《お》えた幼虫《ようちゅう》（終齢幼虫《しゅうれいようちゅう》）が脱皮《だっぴ》をしてさなぎになること。幼虫《ようちゅう》からさなぎになる直前《ちょくぜん》には、幼虫《ようちゅう》がじっとしてほとんど動《うご》かなくなる状態《じょうたい》になります。幼虫《ようちゅう》の体《からだ》の中《なか》でさなぎになるための準備《じゅんび》がおこなわれるためです。このような状態《じょうたい》の幼虫《ようちゅう》を前蛹《ぜんよう》といいます。アゲハチョウでは、枝《えだ》などに糸《いと》（帯糸《たいし》）をかけ、その糸《いと》を背中側《せなかがわ》にまわして体《からだ》をささえた状態《じょうたい》で前蛹《ぜんよう》になります。前蛹《ぜんよう》が脱皮《だっぴ》をすると、さなぎになります。

NDC 486
伊藤ふくお
科学のアルバム・かがやくいのち 11
アゲハチョウ
完全変態する昆虫
あかね書房 2020
64P 29cm × 22cm

■監修　岡島秀治
■写真　伊藤ふくお
■文　大木邦彦（企画室トリトン）
■編集協力　企画室トリトン（大木邦彦・堤 雅子）
■写真協力　アマナイメージズ
p23 今森光彦
p24 左下　小川 宏
p24 右　新開 孝
p25 下　増田戻樹
p29 右下　飯村茂樹
p58 シロオビアゲハ幼虫　安田 守
p58 モンキアゲハ幼虫　筒井 学
p59 オナガアゲハ幼虫　海野和男
p59 ミヤマカラスアゲハ幼虫　安田 守
p60 オナシアゲハ幼虫　渡辺康之
p60 ジャコウアゲハ幼虫　安田 守
p60 ベニモンアゲハ幼虫　海野和男
p60 ミカドアゲハ幼虫　海野和男
p61 ヒメギフチョウ幼虫　小川 宏
p61 キイロウスバアゲハ幼虫　栗林 慧
p61 ヒメウスバアゲハ幼虫　渡辺康之
p61 ウスバアゲハ幼虫　海野和男
p61 左下　奥田 實
p61 ホソオチョウ幼虫　藤丸篤夫
■イラスト　小堀文彦
■デザイン　イシクラ事務所（石倉昌樹・隈部瑠依）
■標本協力　辻井康治・宇山喜士
■協力　白岩 等
■参考文献
・蟻川謙太郎（2009），昆虫の視覚世界を探る-チョウと人間、目がいいのはどちら?-，生命健康科学研究所紀要，第5号，45-56.
・津吹卓, 上田恵介（2001），ビークマーク:蝶の翅につけられた嘴の跡, STRIX A Journal of Field Ornithojogy ,vol.19, 129-140.
・椿宜高（1973），ナミアゲハ個体群の自然死亡率および死亡要因について, 日本生態学会誌, vol.23, no.5, 210-217.
・『日本産幼虫図鑑』（2005），監修ー林長閑ほか, 学習研究社
・『科学のアルバム　アゲハチョウ』（1973），佐藤有恒, 本藤昇, あかね書房
・『アゲハチョウ観察ブック』（2009），藤丸篤夫, 偕成社
・『蝶・サナギの謎』（2007），平賀相壮太, トンボ出版

科学のアルバム・かがやくいのち 11
アゲハチョウ 完全変態する昆虫

2012年３月初版　2020年8月第2刷

著者　伊藤ふくお
発行者　岡本光晴
発行所　株式会社　あかね書房
〒101-0065　東京都千代田区西神田３－２－１
03-3263-0641（営業）　03-3263-0644（編集）
https://www.akaneshobo.co.jp
印刷所　株式会社 精興社
製本所　株式会社 難波製本

ISBN978-4-251-06711-1
定価は裏表紙に表示してあります。
落丁本・乱丁本はおとりかえいたします。